上桌率最高的
家常菜

甘智荣
主编

新疆人民出版总社
新疆人民卫生出版社

图书在版编目（CIP）数据

上桌率最高的家常菜/甘智荣主编.--乌鲁木齐：
新疆人民卫生出版社,2015.8
ISBN 978-7-5372-6341-2

Ⅰ.①上… Ⅱ.①甘… Ⅲ.①家常菜肴－菜谱 Ⅳ.
①TS972.12

中国版本图书馆CIP数据核字(2015)第165385号

上桌率最高的家常菜

SHANGZHUOLV ZUIGAO DE JIACHANGCAI

出版发行	新疆人民出版总社 新疆人民卫生出版社
责任编辑	张 鸥
摄影摄像	深圳市金版文化发展股份有限公司
策划编辑	深圳市金版文化发展股份有限公司
封面设计	深圳市金版文化发展股份有限公司
地 址	新疆乌鲁木齐市龙泉街196号
电 话	0991-2824446
邮 编	830004
网 址	http://www.xjpsp.com
印 刷	深圳市雅佳图印刷有限公司
经 销	全国新华书店
开 本	173毫米×243毫米 16开
印 张	13
字 数	200千字
版 次	2016年4月第1版
印 次	2016年4月第1次印刷
定 价	29.80元

Preface 序言

家常菜，从来都与幸福有关

家是我们温暖的港湾，而家常菜，也许是我们这一辈子吃得最多的菜肴。在人生的旅途中，无论走到哪里，吃过什么美味，那一缕家常饭菜的香味始终会萦绕心头。家常菜就是会有这样的魔力，能牢牢抓住我们的心与胃。不在于是不是出自巧手的厨师，来自多么珍贵的食材，仅仅是一份时令小蔬，就足以让人发出满足的叹息。这是因为它来自家庭，来自回忆，来自爱心，能够吃出温暖，吃出浓浓爱意。也许饱含着母亲的期许与关怀，也许包含着妻子的依恋与柔情，让我们在食物本身的味道之外，感受所有山珍海味都达不到的美味。

本书的推出就是为了让每一道家常菜都发挥它的极致美味，让做菜之人与吃菜之人都能拥有一份完美的美味记忆。我们精选了上百道上桌率最高的、人们最喜欢吃的菜肴，涵盖小炒、凉菜、汤羹、主食、小吃五大类。让刚组建的小夫妻家里飘出温暖的饭菜香，让想要提高厨艺的资深厨娘做出一桌令人称赞的美食，让独自在外打拼的人士为自己做出家的味道。只需要简单参照菜肴的烹饪流程，或者扫一下二维码，跟随我们的APP掌厨的视频一步步学习，手把手教你打造专属美味。

书中除了制作步骤，还特意加入了菜品的营养功效，读者可以根据自身营养需求，选择合理的饮食方案，均衡摄入各种营养素，通过饮食调理身体，强壮体魄，既可选择爱吃的家常菜，也可以选择对身体有益的家常菜。

另外，书中每一款菜品都标明了原料、调料的精确用量，有些菜品则加入了制作过程中的示范图片，就算是厨房菜鸟，也能顺利做出佳肴。一些穿插的小贴士，助你在做菜之余，轻松掌握必学烹饪技巧，配合使用相同食材制作的"美味再一道"，教你举一反三，变身厨房达人。菜谱以外的刀工和清洗的教学，让食材的准备不再难以下手。本书不单只有菜谱，在书的前两个章节详细介绍了食材挑选与保鲜诀窍以及调味小窍门，助你在厨房如鱼得水，轻松自如。比较有特色的是第三章和第八章，前者只需三步骤就能完成一道小炒，后者介绍的美食只需三种食材，致力将简单方便贯彻到底。

"唯爱与美食不可辜负"，相信书中每一道罗列的美食通过一双有爱的手来呈现，定会留下独特的美好记忆。在这个纷杂的世界里，吃一顿温情的饭菜，就是莫大的幸福。为自己、为家人做出安全的美味，让缤纷的美食为生活妆点动人的色彩，真诚希望本书能为广大读者带来烹饪的乐趣，学得一手好厨艺，享受美好生活。

Contents 目录

第一章

让家常菜更营养的关键
——食材选择&保鲜

第二章

让家常菜更美味的关键
——调味烹调小窍门

第三章

好简单！
三步骤就能完成的家常小炒

第四章

超爽口！
清新爽口的开胃凉菜

第五章

最营养！
滋补身体最有效的汤羹

第六章

吃不厌!
匠心巧厨娘的花样主食

第七章

常回味!
最受欢迎的家常点心小吃

第八章

好神奇！
三种食材以内就能完成一道美食

第一章

让家常菜更营养的关键
——食材选择&保鲜

一盘美味的家常菜，最基础的就是食材的准
备。新鲜、营养而又安全的食材能够让我们的
菜肴更加美味营养。因此，我们就需要学会如
何在市场里参差不齐的各种食材中挑选出最新
鲜、最安全、最具有营养价值的。同时，各种
不同的食材性质不一样，保鲜的方法也不尽相
同，学会保鲜食材，不仅能让食材较为长久地
保留营养，还能够减少浪费。

选购食材五大原则

在家做菜离不开食材的选购。现在市场上的食物品质参差不齐，如何才能买到健康、新鲜的食材，做出美味营养的家常菜就成为了一门重要的课程，值得每一个人想做菜、会做菜的人去学习。

 选购当季盛产的食物

所谓的当季盛产的食物就是在当下季节，最适合种植与成熟的食材。符合自然规律的食材，不仅新鲜、口感好、营养价值高，而且有很高的防当季虫害的能力。所以，不用大量施肥和喷洒农药，也能获得较大的产量，价格便宜。

同时，由于生产成本较低，生产者也不会大费周章去掺入各种添加剂，能够大幅度降低不利健康的风险。

 尽量选购当地产的食材

当地生产的食物，最适合当地气候、环境和水质的特点，所以生产出来的食物不用担心长途运输为保鲜而带来的健康安全隐患。比如在运输过程中为保持新鲜而添加化学物质，或是因为贮存条件不良而导致营养流失等现象。而且，经过长途运输的食材不仅口感差，营养成分下降，价格也较高。

 详细检查食品商标

很多人在选购食材的时候，不会去看食品标示，有的也只是看下生产日期和有效期限。这样就忽略了食品添加剂是否掺入，而导致这些添加物不知不觉中大肆侵入。因此在选购食材的时候，务必要仔细看清楚食品商标是否规范以及是否存在标签造假的情况，还要尽量选择添加物种类和含量少的商品。

 选择尽量多样化

选购食材的时候还要注意尽量多样化，什么食物都要吃，但不过量。因为我们的身体摄取的食物种类越多，营养就越均衡，对身体健康就越有利。多样进食各种食物，就能摄取多种营养素，不偏执在某几样特别喜爱的食物上，也可以降低吃进有害物质的风险。

 了解食物来源

在买菜之前，应该先了解食物的来源。尽量挑选有产地证明的蔬菜，一旦发现优质的商家，就推广出去，这样不仅能够为自己的饮食安全把关，还能起到共同监督的作用。

蔬菜的巧选

蔬菜营养丰富，鲜美口感好，是日常饮食生活中必不可少的食物之一。蔬菜能够提供人体必需的多种维生素和矿物质，还有多种多样的对人体健康有益的物质。但是，蔬菜的种类、颜色和出产季节不同，其营养价值也大有不同。家常菜的食材离不开各种各样的蔬菜，那么该怎么来挑选蔬菜呢？

技巧 1 观色泽

蔬菜的颜色不尽相同，即使是同一种蔬菜颜色也有深浅之分。研究发现，蔬菜营养价值的高低与颜色有着密切的联系。一般来说，颜色深的营养价值较高，颜色浅的营养价值较低。因为维生素C、胡萝卜素的分布与叶绿素的分布呈平行关系，这些营养素在深绿色蔬菜中含量较高。维生素B_2、无机盐在绿叶蔬菜中含量较高，胡萝卜素在橙黄色、黄色和红色蔬菜中的含量也较高。

还有一些专家认为，某些颜色的蔬菜对某种疾病有更好的药用性能。比如红色蔬菜有助于缓解伤风感冒等症状，绿色蔬菜则有助于预防阑尾炎。

技巧 2 选部位

蔬菜一般都有根、茎、叶、花、果实，同一种蔬菜上不同部位的营养也不一样。根部由于要吸收土壤中的营养来维持生长，所以营养素含量相对较高。虽然大部分的蔬菜根部不能食用，但是靠近根部的茎的下端营养素含量也很丰富。蔬菜的皮与外界频繁地进行物质交换，营养素的含量也很高，所以最好不

要削皮，然而农药的大量使用让我们不得不削皮。蔬菜叶的营养价值也很高，因为叶是进行光合作用的器官，所含的维生素、无机盐、纤维素都比较高，例如芹菜叶的营养价值就比茎高。

技巧 3 依时令

现在反季节蔬菜越来越多，但是从营养价值上来讲，反季节蔬菜与时令蔬菜是有区别的。蔬菜的品质与环境有密切关系，如气候、温度、空气中粒子的浓度、土壤、水分等等。大棚蔬菜虽然能提供其生长所需的营养，但是某些营养及药用价值是天时地利合一的产物。所以即使大棚蔬菜外观好看、体积较大，但是味道和营养却不如露天栽培的时令蔬菜。

例如冬天温室的黄瓜外观嫩绿可爱，味道和营养却不如夏季阳光下的黄瓜。同样是在室外栽种，提前或推迟种植的蔬菜在营养价值上也不同于时令蔬菜，例如秋天种植的圆白菜癌细胞抑制率可达23%，而提前到夏季种植的抑制率仅有13%。所以应该多吃时令蔬菜，而且时令蔬菜在价格上也占优势。

蔬菜的保存方法

　　食材买回家，常会有用不完的情况发生。有些人家离商场较远，购物不方便，因此每次需要多备些食材。保存食材就成了一个大问题，蔬菜尤其不易保存，很容易因水分蒸发而不新鲜，甚至腐烂变质，往往用完之后剩下就要扔掉，造成浪费。下面就简单介绍一些蔬菜的保存方法，帮助延长其保存期限。

1 根茎类

根茎类蔬菜比较耐储藏，比如整个的冬瓜、南瓜、甘薯、玉米、胡萝卜、芋头、洋葱等，糖分多、表皮较硬，可以放置于室内阴凉处，能存放1到2、3周不止。放进冰箱中反而容易变坏，比如马铃薯在冰箱中就容易发芽。

2 叶菜类

这类蔬菜通常无法久放，直接放入冰箱，很快就会变黄，叶子也会湿烂。保存方法就是先将叶片喷点水，然后用报纸包起来，以直立的姿势，茎部朝下放入冰箱蔬果保鲜室，就可长时间保存。

3 果菜类

果菜类蔬菜的保存非常重要的一点是选购，选购新鲜饱满的蔬菜有利于延长保存期限。茄子、番茄、青椒等要选择外皮紧实有光泽的，小黄瓜要选刺多的。冷藏室温度必须维持在6℃，太冷了果菜类蔬菜会冻伤，流失原有风味。

4 香辛类

香辛类蔬菜多为调味使用，用量不大，保存时应保持原貌。葱姜带土保存最久，其次就是冷冻保存，不论葱花、蒜末、姜末、辣椒，以冷冻的方式保存，至少能使用1个月。

5 菌菇类

从超市买回来的蘑菇，最佳保存方式就是保留其原有包装。野生摘取的蘑菇最好的保存方法就是装进纸袋里，然后放入干燥的抽屉中保存。还有就是将菌类杂物除净，放入1%的盐水中浸泡10～15分钟，捞出后沥干，装入塑料袋可保鲜3～5天。

6 鲜豆类

鲜豆如毛豆、豌豆、蚕豆等保存方法，是将剥好的豆子放入烧开的水中，加入盐烫1分钟后捞出，过冷水后沥干，用保鲜膜包好放入冰箱冷藏。加盐是为了防止可溶性营养素流失，加热是为了破坏豆子的氧化酶，这样豆子在冷冻室能放半年。

常见蔬菜具体保存方法

西红柿 挑选完好、没有磕碰过的。无需水洗，直接用保鲜袋包裹后放入冰箱保存即可。

冬瓜 尽量选择表皮完好有完整白霜的。放在阴凉通风处，不要直接放在地上，最好能垫上木板，这样能保鲜4～5个月。

南瓜 南瓜切开后，都是从瓜心开始坏，所以要将瓜瓤部分挖掉，再装入保鲜袋放进冰箱里保存。

青椒 青椒沾水后会变质，保存前不要用水洗，直接擦干放入保鲜袋再放进冰箱保存。

洋葱 未剥皮的洋葱直接放入网子中，吊挂在室内阴凉通风处，可保存约1个月。切开的洋葱，必须放入密封保鲜袋中保存，隔绝空气接触。

莲藕 切过的莲藕容易变黑，需要用保鲜膜包裹后再放入冰箱冷藏，或是切成薄片用醋腌渍为凉拌菜，可以保存1星期。

竹笋 水煮后去皮冰在冰箱里。装竹笋的密封容器必须装水，每天更换一次干净的水，大约可保存1星期。切成小块后冷冻起来可延长保存至1个月。

韭菜 韭菜怕干，买回的新鲜韭菜用绳子捆起来，根朝下放在水盆里，可长时间不干不烂。也可用喷过水的纸包好放进保鲜袋里保存。

卷心菜 密封放进冰箱可保鲜1星期。将菜心挖掉，然后用沾湿的厨房纸巾拧成不滴水状态塞入菜心，再放入密封保鲜袋中冷藏，就可延长保鲜至2星期。

土豆 适宜低温保存，低于0℃容易冻坏，高于5℃又容易发芽。贮藏土豆另外要注意保持土豆干燥，以防霉烂。

萝卜 萝卜的养分会被叶子所吸收，所以要将萝卜的叶子全部切除，然后再保存。

大葱 用纸包好后放进保鲜袋里，然后再竖着放入冰箱里，这样保存时间会更长。

姜 老姜不适合冷藏，容易流失水分，没切过可放在通风处或沙堆里保存。嫩姜应用保鲜膜包好放冰箱保存。姜只要切过，就必须用保鲜膜包上放冰箱冷藏，2星期内使用完。

菠菜 用报纸包起来，根部朝下直立摆放在蔬果保鲜室冷藏，既可保湿，又可避免过于潮湿而腐烂。

辣椒 辣椒放久了会变软，颜色也会不鲜艳。保存需要将辣椒擦干水分，放入塑料袋中直接放进冷冻库冰冻，可保存1～2个月。

花菜 冷藏前先在水里泡5～10分钟，让菜充分吸收水分，可在水中加几滴酒。然后沥干，用保鲜膜包好放入冷藏室，可保鲜5天。

怎样选择安全的肉、鱼、海鲜产品

烹饪家常菜，离不开肉、鱼、海鲜产品等原料。这些食物富含人体必需的营养素，人体每天都要摄入。同时，鱼、肉、海鲜等易腐烂变质，食用后对人体健康影响很大，因此学会选购健康安全的肉类显得尤为重要。

肉类的选购

▶ 要选择外观新鲜的。新鲜肉类形状完整有光泽，摸起来有弹性、略为湿润但不黏手。如果猪或牛、鸡的肉色变深、变暗沉，表面有明显的黏液和异味，就代表肉质不新鲜或是死猪等，千万不要选购。

▶ 不买颈部和内脏。尽量少买少吃家禽类的脖子、翅膀、内脏或是家畜类的颈部肉、内脏及脂肪较多的肥肉部位，因为这些是注射动物用药，或是比较容易残留抗生素、荷尔蒙以及有害物质的部位。

▶ 少买组装肉。尽量购买比较原始的肉块，而非经过磨碎、重组的肉类，比如肉丸、肉干、饺类等，这些食物的加工程序愈多，过程中愈有可能加入各种香料、肉粉、色素、漂白剂和防腐剂等。有条件尽量买那些现宰杀现买的肉类。

▶ 前往有认证的店家够买。去设备清洁的肉铺，有冷藏设备的更好。并且要注意要有肉品合格表章或是政府机构的认证，才比较有保障。

鱼类的选购

▶ 鱼眼清澈，肉质有弹性。买鱼的时候要仔细观察鱼眼是否清澈，鱼鳃是暗红色还是淡红色，闻起来是否有腥臭味或是药水味。鱼肉要有弹性，肚子里面没有血水或是破裂，符合以上条件才算是好鱼。

▶ 鱼肉颜色不能是死白。一些不良商家为了使鱼的卖相好看，会用双氧水等漂白剂去浸泡。双氧水有致癌性，所以看到鱼产颜色过于死白，千万不要购买。

▶ 选择鱼皮及脂肪少的。买鱼的时候尽量选择鱼皮及脂肪少的鱼类，并且要去除内脏及鱼卵部位，因为多氯联苯、戴奥辛及汞、铜、锌、铅等重金属，都有亲脂性，这些有害物质容易积蓄在鱼的皮、脂肪及内脏中。

▶ 饲养鱼的水质要清澈透明。买活鱼的时候，要注意看鱼缸的水是否是透明无色的。若是水色呈现出绿色或蓝绿色，可能掺有孔雀石绿（工业染料，具有致癌性且会残留体内）等药水，其添加目的是让碰伤甚至频死的鱼，也能出现活蹦乱跳的假象。

▶ 买鲜鱼做生鱼片的时候，应该先冷冻储存。因为低温冷冻的方式，能够杀死大多数的寄生虫及细菌。

海产品的选购

▶ 买虾的时候，虾子表面若是摸起来滑滑的，有可能是用亚硫酸盐漂白过，最好不要购买。虾浸泡过亚硫酸盐后，虾头不容易变黑，看起来会比较新鲜，但是其实虾头变黑是酵素代谢的正常现象，并不会危害健康，反倒是亚硫酸盐有引发过敏的危险。

▶ 选购螃蟹和贝类的时候，要挑活着的。因为螃蟹、贝类死后，新鲜度便会快速下降。同时，若是贝类海鲜的壳没有紧闭，最好也不要购买。

▶ 购买鱿鱼的时候，主要靠肉眼观察。凡是体形瘦小、颜色赤黄略带黑色、缺乏光泽、背部呈黑红色或是玫红色，肯定是劣质的。

▶ 买海螺要看螺头是否会伸出壳外，能伸出来的比较新鲜；再看尾部是否有白色液体渗出，有的话就不是新鲜的海螺。

▶ 海产品建议少量购买，趁鲜食用，因为海产不好保存。如果没有时间经常上市场，必须大量采购海产品的话，可将每次要使用的分量，用塑胶袋或保鲜盒分批装好，使用前隔水快速解冻，是最能保持鲜度的一种方法。

各种蛋的购买及保鲜

蛋类富含多种营养，也是每日必需的食物之一，家常菜的烹饪也离不开以各种蛋类作为原料。学会够买新鲜安全的蛋，不仅能够烹饪出美味菜肴，还能带来健康。

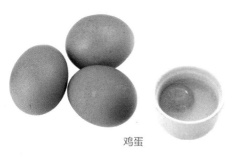

鸡蛋

鸭蛋

鸡蛋

选购技巧：首先是看，鸡蛋表面附着一层霜状粉末，蛋壳颜色鲜艳，气孔明显，是新鲜鸡蛋；其次是照，将鸡蛋对着日光透射，新鲜的鸡蛋呈微红色，半透明状，蛋黄轮廓清晰，不透明或有污斑则说明鸡蛋已经变质；然后是摇，用手轻轻摇动鸡蛋，没有声音的是鲜蛋，有水声的是陈蛋；最后是试，加鸡蛋放入冷水中，下沉的是新鲜鸡蛋，上浮的是坏蛋。还需要注意一点的是，鸡蛋若沾染鸡粪，最怕带有沙门氏菌，所以要选择包装良好的水洗蛋，或表面没有脏污的鸡蛋。

保存方法：放在冰箱里面保存，但注意不要清洗，放的时候尖的一方朝下、钝端朝上，不要横放。另外蛋壳中有很多细菌，所以不要把鸡蛋直接放在冰箱里面，一定要用保鲜袋或是保鲜膜包好。

鸭蛋

选购技巧：选购鸭蛋的时候，首先是看颜色，淡蓝色的青皮鸭蛋是新鸭子产的，含钙量会比较高，不容易碰坏；外壳为白色的鸭蛋是年老的鸭子产的，外壳较薄，更容易碰碎，所以建议买新鸭子产的鸭蛋较好。其次是听声音，表皮特别光滑的鸭蛋可以用手指轻弹一下，或是用两个鸭蛋轻轻碰撞一下，会有轻微尖锐的声音出来的话，说明于食用没问题，但是不可用作制作咸鸭蛋。

保存方法：保存鸭蛋存放和鸡蛋一样，要大头朝上，小头朝下。同时夏天的鸭蛋要放入冰箱冷藏室内保存，低温能够抑制微生物的繁殖；冬天的鸭蛋不放入冰箱，自然室温下也可保持30天左右不会坏。另外鸭蛋水洗后容易变坏，要尽快食用。

鹅蛋

鹌鹑蛋

鸽子蛋

鹅蛋

🧺 **选购技巧**：选购鹅蛋的时候，要选择外壳光滑、形状规整的鹅蛋，并且表面无裂纹破损。新鲜的鹅蛋有垂坠感，上下晃动时没有明显的水声及分离感，就是新鲜的鹅蛋。还可以用手电筒对准鹅蛋进行照射，优质鹅蛋蛋黄蛋清分离清晰，没有黑点或是红血丝。

🍽 **保存方法**：一般放在冰箱中冷藏保鲜，想要长时间保存，可将蛋用淡盐水进行浸泡储存。用5升清水、35克食盐充分搅拌融化煮沸晾凉，再将鹅蛋放入盐水内可保存一到两个月，但不适合高温的夏季。另外还可在存放容器中添加谷糠、木灰或锯末等，将鹅蛋进行掩埋存放，也可以保鲜很长的时间。

鸽子蛋

🧺 **选购技巧**：购买鸽子蛋的时候要注意看外形和摸蛋壳。外形匀称，表面光洁、细腻、白里透粉。蛋壳较硬，没有裂痕的较好。个头比鹌鹑蛋还小，在阳光下是透亮的，煮熟后蛋白是半透明状。

鹌鹑蛋

🧺 **选购技巧**：新鲜鹌鹑蛋外壳呈灰白色，带红褐色或紫褐色斑纹，色泽鲜艳，外壳坚硬，富有光泽；打开后，蛋黄呈深黄色，蛋清透明且粘稠。用手轻轻摇动的时候，没有声音的是鲜蛋，有水声的是陈蛋；和鸡蛋一样，放入冷水中，下沉的是鲜蛋，上浮的是陈蛋。

🍽 **保存方法**：蛋表面有自然保护层，常温下生蛋可存放45天，熟的可存放3天。放入冰箱冷藏前千万不要清洗，会破坏原有的外蛋壳膜，使细菌和微生物进入蛋里，加速变质。摆放时大头朝上，小头朝下，既可防止微生物侵入蛋黄，也有利于保证蛋品质量。需注意的是从冰箱中取出的鲜蛋要尽快食用，不可再久置或再次冷藏。

🍽 **保存方法**：保质期只有30天，不要水洗，遇水会坏。放进冰箱保存也要保持干燥，不要放在袋子里，因为袋子在冰箱久了会有水汽。鸽子蛋在23℃保鲜期为15天；放在冰箱内4~8℃可保鲜3个月。建议每天翻动一次，防止蛋膜和蛋壳粘贴，这样能够延长其保存期。

剩余食物的保存

在家吃饭，难免会有没有吃完的食物，这些食物一般都会放进冰箱保存以避免浪费。家中哪些剩下的食物该怎么保鲜呢？

 ## 面食

吃不完的面食久存会变硬是让人们很头疼的事情。很多人认为是水分蒸发所致，其实是一种"淀粉凝沉"现象，也称"淀粉回生"。防止这种现象发生，办法就是吃不完的面食，趁热放入冰箱迅速冷却，没有冰箱的话，放置在橱柜里或是阴凉处；也可以放在蒸笼里密封贮存，还可以放在食品篓中，上面蒙一块湿润的盖布，用油纸包裹起来。这些方法只能减缓面食品变硬的速度，只要时间不长，都能收到一定的效果。

 ## 剩菜

剩菜一般都是放进冰箱保鲜，但是注意的保存时间不宜过长，最多下一餐要吃掉，因为冰箱只有抑制细菌繁殖的作用，但是没有杀菌的作用，在冰箱存放过久，会产生许多的微生物，食用过多对身体会有影响。再次食用前一定要加热一下，有效地杀死细菌和微生物。

 ## 剩下的咖啡

喝剩的咖啡可以倒进制冰盒里，放进冷冻室里冻成小冰块，下次喝咖啡时当冰块用，这种冰块溶化后不会冲淡咖啡的味道。

 ## 剩下的蔬菜

做菜用不完的蔬菜，只要将不新鲜或是烂掉部分摘除，放进熟料袋内，在把口袋扎紧，置于阴凉干燥处或是冰箱里，就能够再保存一段时间。用这种方法保存黄瓜、柿子椒、莴笋、小青椒、香菜及未成熟的西红柿等效果很好。

 ## 用剩的油

有时候，做菜或是油炸食物后会有油剩余下来，这个时候，只要把剩下的花生油或是大豆油放入锅中加热，加入少许花椒、茴香，待油冷却后，倒入搪瓷或是陶瓷容易中存放，不但久不会变味，做菜时味道也会特别香。

剩米饭

吃剩的米饭在放置过程中，容易受到微生物污染。因此，剩米饭一定要在冰箱中低温贮存，食用前在彻底加热。

第二章

让家常菜更美味的关键
——调味烹调小窍门

美味的家常菜离不开各种调味料。一盘色、香、味俱全的菜肴，不能没有油、盐、酱油以及各种各样的调味料，用对调味料以及用量正确，能够将食材的香气引出来，保持其亮丽的色泽并使味道绝佳。所以，将调味料备齐，然后灵活运用各种调味品，做起菜来就能够事半功倍。

根据烹调方式挑选食用油

食用油有很多种，主要分为植物油和动物油。那么，不同的油品该怎么选择和使用呢？一般来说，采用不同油温烹饪的菜肴要选择不同的油。所以家中建议常备3种不同的食用油，以此来烹饪低温、中温和高温菜肴。同时，每一种菜肴的脂肪酸比例不同，选用合适的油，能够避免一些食材的营养素流失，还能保证食材的口感。从营养的角度来讲，建议动物油和植物油混合食用为好，以植物油为主，辅以动物油，两者比例为2 : 1较理想。

植物油

大豆油　是目前世界上使用最多的油品，由大豆压榨萃取而成。颜色油亮，有独特的甜味，很多的烘焙食品大多是大豆油炸制作。在高温时油脂较不稳定，容易冒烟、气泡，不建议用来油炸，若是油炸，最多用两次就做替换。

花生油　由花生压榨而成，油色淡黄透明，有香味，富含多种不饱和脂肪酸和营养成分，易于消化，有益健康，是一种优质的烹调用油。花生油耐高温，除炒菜外适合于煎炸食物。

玉米油　玉米油是从玉米胚芽提炼出来的一种油，澄清透明，清香扑鼻，油烟点高，很适合快速烹炒和煎炸食物。玉米油含有多种维生素、矿物质及大量不饱和脂肪酸，非常健康，老少皆宜。

橄榄油（凉拌）　橄榄油富含维生素E，分为初榨和提炼两种。以颜色做判别，带鹅黄色的橄榄油燃点很低，仅适合拿来做凉拌和酱料搭配，尤以标有extra virgin初榨的橄榄油最为优质。橄榄油一般是来自国外，购买时要注意瓶装标示，以条码判断是否为原装进口。

橄榄油（煎炒）　颜色带绿的橄榄油，适合中温煎炒烹调。在半煎炸的料理中，建议混合其他油品搭配以添加燃点，这样食物更有香气。用橄榄油炒菜可以中和食材的酸度，让味道更加香醇厚实。橄榄油烹调油温不能过高，不适合油炸。

动物油

猪油　用猪油炒制的菜香气浓郁，一般小吃店大多以猪油作拌炒，中式糕饼多有添加。炒菜时要在油脂尚未融化前，就将食材放入锅中拌炒，避免油脂发黑和冒烟。炒菜的时候，以两种油，即植物油和动物油一起使用，炒出来的菜会更香。

葵花油　由向日葵种子榨取而来，颜色透黄，含有丰富的维生素E，耐高温不发烟，适合中高温烹调。为了防止油氧化，注意密闭避光保存并放在阴凉处。

菜籽油　是用油菜籽炸出来的一种油，又称为菜油、芥花油等。饱和脂肪含量低，单元非饱和脂肪酸仅次于橄榄油，因为燃点高，稳定性好，适合高温油炸。建议购买小瓶包装，避免防止过久而造成氧化。

芝麻油　从芝麻中提取，具有特别的香味，也称为香油。色如琥珀，橙黄微红，晶莹透明，浓香醇厚久不散。可用于调制凉热菜肴，可以去腥臊，增加香味；滴几滴在汤中，可增添甜美味道；用于烹饪、煎炸，味纯而色正，是食用油中的珍品。

茶油　是从油茶成熟种子中提取的纯天然高级食用植物油，金黄或浅黄，澄清透明，气味清香，是中国特有的食用油。营养成分与橄榄油相似，有些营养成分的指标还要高于橄榄油。它具有良好的稳定性和抗氧化性能，保质期长，烟点高耐高温，易于消化吸收。

葡萄籽油　在酿酒的过程中，葡萄压榨后剩余的葡萄籽会拿来提炼做葡萄籽油。具有稳定性高、燃点高的特点，在一般煎、炸的情况下都不会使食材焦黑。适合中高温烹调，西式和中式料理都适合，味道清爽，也可搭配沙拉使用。

奶油　分为有盐和无盐两种，用来增加食材的香气、顺滑的口感，在西式料理当中，大多会先将奶油放入锅中，加热溶化后进行烹调以增添香气。购买含有盐分的奶油时，要注意烹调时盐量的添加，以免摄入过多的盐分。

家常调味品简介

在进行烹调食物的时候，如果没有各种调味品，料理几乎是无法完成的，所以家中必备一些基本调味品。

家常必备 8 种 调味粉

白糖

味道干净，适用于所有料理。渗透力较低，不容易被食材吸收，如果是必要添加糖和盐的料理，要先放糖，调出甜味后，再加盐或酱油等调料味。

盐

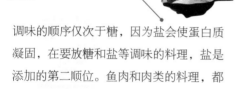

调味的顺序仅次于糖，因为盐会使蛋白质凝固，在要放糖和盐等调味的料理，盐是添加的第二顺位。鱼肉和肉类的料理，都要先抹盐以引出食物中的水分。

冰糖

经白糖高温提炼而来。不论是卤制或是炖甜品都很适合，卤制肉类的时候可用白糖和冰糖代替酱油，白糖用来上色，冰糖甜而不腻。另外，卤制食材不要用有颜色的砂糖，会影响卤出来的颜色。

胡椒粉

白胡椒粉在制作过程中去除果皮屑，气味没有黑胡椒粉浓烈。黑胡椒颗粒明显，适合搭配肉类使用，也适合拿来腌制。胡椒粉不适合油炸。

孜然粉

味道独特，适合添加于牛肉和羊肉去腥味，富有油性，常用于烧烤料理，煎、炸、炒都很适合。

辣椒粉

用红辣椒、辣椒籽等研磨而成，产地不同而颗粒与辣度有所不同。中式和西式料理当中，除了当做调味，也用来腌渍。

肉桂粉

肉桂树的树皮制成，大多用于甜点的添加或咖啡的搭配。片状的肉桂可以用来煮汤，除去腥味，肉桂粉可用于腌酱、调制卤汁，添加肉类料理中能增加香气。

淀粉

包括玉米淀粉、太白粉、番薯粉等，其中太白粉可使食材滑口，番薯粉可使食材酥脆。用淀粉做浆、粉、糊、汁处理，有保护层的作用，防止营养成分的流失或破坏，也可避免动物蛋白接触高温焦糊所产生的不利健康的物质。

家常必备 8 种 调味酱料

酱油

用豆、麦和麸皮酿造而成，色泽红褐色，有独特酱香味，滋味鲜美。一般有老抽和生抽两种：生抽较咸，用于提鲜；老抽较淡，用于提色。一般与盐并用，应先调入酱油，再放盐，即"先调色，再调味"。

蚝油

是港式酱油，以蚝油调制的酱料，会有浓郁的海鲜味，适合做肉类和鱼类食材的调味，不建议用在蔬菜和面食，味道会被蚝油盖过。在酱料搭配上，适合以蒜头、葱、糖、豆豉来中和蚝油的咸腥味。

醋

由粮食酿造而成，多用于海鲜和蔬菜。因本身含盐分，料理时要留意添加。添加食醋的料理，盐可适量减少。多做凉拌，适用于强调酸味、不破坏食材色泽的料理。

料酒

是烹饪用酒的称呼，添加黄酒或花雕酿制，香气馥郁芬芳，味道甘香醇厚。烹饪时加料酒，可去除鱼、肉的腥味，还可增加食物的香味。主要用于肉、鱼、虾、蟹等荤菜的烹调，制作蔬菜时没必要加入。

豆瓣酱

由黄豆或蚕豆蒸熟后和面粉共同发酵而成，味道很重，添加时要先加水调匀，用小火可以炒出绝妙香气，火候控制是能否炒出酱料香气的关键。加入辣椒调配即为辣豆瓣酱，习惯吃辣的人可依据个人口味选择。

甜面酱

和豆瓣酱的作用相似，以小麦面粉为原料酿造，所以看不见黄豆。味道以甜为主，甜面酱多用于北方人吃烤鸭和拌面的酱料。同样是炒回锅肉，加入甜面酱和豆瓣酱是完全不同的风味。

鱼露

由海鱼加上盐发酵以后蒸馏熬制而成，带有咸味和鲜甜。在东南亚地区作为酱油使用，常见于各种泰式料理，是南洋料理非常重要的调味佐料。用于沙拉、海鲜料理为多。

番茄酱

将煮熟的番茄捣成泥，添加糖、醋、盐等调味料制成。有甜味和酸味，适用于炒饭、蛋包饭等蛋料理。如果不喜欢酸的味道，可以用少许的白糖中和。

酱油、醋种类及适用菜肴

酱油和醋是家常美味必不可少的调味料，特别是酱油，料理的时候必不可少。酱油和醋都有很多种类，在做菜的时候，要依据菜品颜色、口味和营养搭配，添加适合的酱油和醋。下面就介绍一下酱油和醋的种类及其适用菜肴。

酱油的 6 种类

薄盐酱油

含盐量较低，甜度较高适用于蘸酱。相较于一般的酱油，薄盐酱油并不适合拿来红烧。一般的薄盐酱油诉求为降低酱油的钠含量，但有时会以钾盐替代，钾盐会造成肾脏病患者的负担，购买时注意瓶装标示。

壶底酱油

一般酿造的酱油大约要四个月的发酵期，壶底酱油则需要一年以上的时间。酱油所有的精华沉淀于壶底，味道甘甜鲜美，适合长时间炖煮、腌制和卤制。

酱油膏

酱油膏的制成，是在酱油里添加淀粉质，让味道变得浓郁，大部分作蘸酱使用。麻油料理不适合添加盐，可以改用酱油或酱油膏代替。

花色酱油

是指添加了各种风味调料的酿造酱油或是配制酱油。如海带酱油、海鲜酱油、草菇酱油、香菇酱油、鲜虾酱油等等，品种繁多，适用于烹调及佐餐。

本色酱油

是指浅色、淡色酱油以及生抽类酱油。色淡，色泽是发酵过程中自然生成，不添加焦糖色，香气浓郁、鲜咸适口，特别是高盐稀态发酵酱油，色泽更淡，醇香突出，风味好。这类酱油主要用于烹调、炒菜、拌饭、做汤、凉拌等，用途广泛，是烹调、佐餐兼用的酱油。

浓色酱油

是指深色、红烧酱油、老抽类酱油，这类酱油添加了较多的焦糖色及食品胶，色深色浓是其突出特点，主要适用于烹调色深的菜肴，如红烧类菜肴、烧烤类菜肴等，不适于凉拌、蘸食和佐餐。

食醋的 6 种类

陈醋

用高粱酿造而成，色黑紫，绵、酸、甜、醇厚，回味悠长。是最酸的醋，适合红烧，用于突出酸味而颜色较深的菜肴。吃饺子、包子时，也少不了解腻爽口的陈醋。

米醋

用优质大米酿造，有特殊清香味和淡甜味，用途最广。颜色呈透明的红色，常与白糖、白醋等制成甜酸盐水制作泡菜，如酸辣黄瓜等。

熏醋

熏醋是加工方式变化后的米醋，一般很少用，主要用于调节风味，如青菜炒肉时可放一点调节。

白醋

用大米或糯米酿制，无色透明、酸味柔和、清香酸甜，用于色泽漂亮且强调酸味的菜肴。做汤时加少量白醋，如骨头汤，有利于骨头的钙析出，更容易被人体吸收。

乌醋

乌醋是在酿造的过程中，添加红萝卜和洋葱等蔬果一起熬煮，含有酸味和甜味，多用于提味，在起锅前添加最好，避免烹煮时间过长，降低原有的酸度。

香醋

以优质糯米为原料，红褐色，味香，多凉拌。用在菜品颜色较浅、酸味不太突出的菜肴，如凉拌菜。在烹饪海鲜或蘸汁吃海产品时，放些香醋可去腥、提鲜和抑菌。

家常菜美味的调料公式

很多人面对各式各样的家常菜以及各种调味料时，完全不知道哪个应该先放，哪个要后放。那么有没有什么规律可以供大家参考的呢？数学有它的数学公式，化学有化学公式，英语有语法规则，那么在添加调味料的时候，是不是也应该有一个公式呢？

炒肉菜

Rule1： 调料加入顺序是糖、酒、醋、盐、酱油。醋要在糖和酒之后加，否则糖不易溶解，酒的香味也很难发挥出来。盐要在肉八成熟的时候加，否则肉质会变老。酱油最后加是为了避免氨基酸被高温破坏。

Rule2： 可选放的调料是糖、酒、醋。肉类可先用糖和少量料酒腌制一下，可以去除腥味，还能使肉质更嫩。

Rule3： 忌放味精。肉中本来就含氨基酸，与盐相遇加热后会自然生成味精的主要成分——谷氨酸钠，加入味精后反而会破坏自然的鲜味。

炒素菜

Rule1： 调料加入顺序是糖、醋、盐、味精。炒素菜和炒肉菜不一样，应该先放盐。这样蔬菜熟的更快，因此能保留更多的营养。

Rule2： 可选放的调料是糖、醋。可以加点糖来增加素材的鲜味，放糖之后就不需要放味精了。有些素菜如土豆丝、白菜等蔬菜时可加入一点醋让口感爽脆，并保留较多维生素。而炒青菜时不能放醋，否则会破坏叶绿素，使菜迅速发黄，且营养价值大大降低。

Rule3： 忌放酱油。炒蔬菜时加入味道浓郁的酱油不但影响蔬菜清爽的色泽，还会遮盖蔬菜的清香。

氽丸子

Rule： 调料加入的是顺序是料酒、盐。在做氽丸子、氽白肉等菜肴时，要用调料腌制原料。如氽丸子先将肉切碎加入胡椒粉、料酒搅匀，再加入鸡蛋等搅匀后，才加盐搅上劲，制成丸子后氽入微开的水中，煮熟后汤中最后加盐。煮汤的调味方法也与此类似。

凉拌菜

Rule1： 调料都是最后放。做凉拌菜一般是把所有的调料混在一起调成汁，浇在菜上再拌匀就行。调料都要最后放，现放现拌，不然菜长期泡在调味汁里面，会使味道过咸，营养也会流失。

Rule2： 忌放味精。味精只有在温度为80～100℃时才能充分发挥提鲜的作用。在凉拌菜中味精难以发挥作用，甚至还会直接粘附在原材料上，无味又扫兴。如果一定要放味精，可用少量热水把味精溶解后再拌入凉菜。

炖烧菜

Rule1： 调料加入的顺序是料酒、酱油、糖、醋、盐。烧菜往往要突出料酒的香味，并借用酒味来遮盖腥膻，因此料酒应该在锅内温度最高的时候放入。红烧时放酱油主要是为了上色，所以酱油要先加。同时，糖必须在盐之前加，否则烧出来肉会发柴发老。

Rule2： 可选放的调料是醋。做一些醋味很浓的菜时，要在放酒之前放醋，不仅能有醋味，还能有醋香，能够遮盖食材的腥膻味，因此要在锅内的温度最高时放入。而烧其他肉菜时，可在加糖之后加点醋，能够使菜看更香，且能炖得更烂。

料酒的种类及使用须知

　　料酒也是家常菜肴中必不可少的调味品之一，用来增加食物的香味，去腥解腻。料酒酒精浓度很低，在去除腥膻味道的同时不会破坏肉类的蛋白质和脂类，同时还含有多种人体所需营养。从理论上来说，啤酒、白酒、黄酒、葡萄酒都能用来做菜，但是各种酒类烹饪出的菜肴风味相差甚远，料酒还是以黄酒、花雕酒和绍兴酒三类为主。

黄酒
也称为米酒，属于酿造酒。酒精含量适中，味香浓郁，富含氨基酸和维生素，人们都爱使用黄酒做料。在烹调荤菜时，特别是羊肉、鲜鱼时加入少许，不仅可以去腥膻，还能使菜肴增加鲜美风味。

花雕酒
花雕酒可直接饮用，也可温烫至38℃或40℃时饮用。花雕酒除了用来佐菜饮用外，不少名菜都需要它作为材料，如花雕鸡、花雕烩蟹肉等。建议吃蟹时最好饮用花雕酒，因为蟹肉性凉，花雕酒暖胃，可谓是最佳搭配。

绍兴酒
绍兴酒品种多样，有元红酒、善酿酒、加饭酒、香雪酒等，各种酒在做菜时各有讲究。元红酒宜配蔬菜、海蜇皮等冷盘；善酿酒宜配鸡鸭类；加饭酒宜配肉类、大闸蟹等；香雪酒宜配甜菜类。

料酒使用须知

Point 1 （料酒≠白酒）

不能用白酒代替料酒。白酒酒精浓度一般在57%左右，较高的乙醇会在一定程度上破坏肉类中的蛋白质和脂类，同时，白酒的糖分、氨基酸含量比料酒低，提味的作用明显不如料酒。

Point 2

一般加入料酒的最佳时间是锅内温度最高时。料酒遇到菜肴的热气会产生香气，可以达到除去腥味的最佳效果。

Point 3

不同菜品具体加入的时间也有不同。煸炒肉丝时，料酒应该在煸炒完毕立即放；油爆大虾，在虾仁放入热油后，马上加入料酒烹饪，会有浓郁香气；烧鱼应该在鱼煎好后放料酒，与食盐结合后使鱼肉更加鲜美；做汤则应该在汤开了之后再加料酒。

提升菜肴香气的常见辛香料

一些独具香味的辛香料如葱、姜、蒜、辣椒和香菜等，都能够很好地提升料理的香气。不管是在超市还是菜市场，都非常容易买到，建议常备家中，因为大多数菜肴都能用上。

辣椒 辣椒可以促进血液循环，刺激味蕾，增加唾液分泌，在中式料理和西式料理中多用来增加整体辣度。洗净后放进塑料袋中，放进冰箱冷冻保鲜。

月桂叶 闻起来有点肉桂的味道，汆烫肉类时，可在滚水中放入少许月桂叶，去除肉腥味并提香。味道偏重，不宜一次放太多，否则会盖过食材的风味。要避免潮湿，密封保存。

香菜 含有刺激性气味，和食材搭配有清爽的口感。中式料理大多会在盛盘后添加以提味。保存时要将香菜带跟捆绑在一起，外包一层纸巾后装在塑料袋里，扎上袋口后将根部朝上放于阴凉处。

葱 是食用性蔬菜，也是辛香调味品，一般的家常菜都要用到。切成细末状后，无论装饰或是提味，运用非常广泛。尽量以原貌保存，如果带有土，可连同一起存放在阴凉处，不要晒到太阳。

姜 姜切成片状可用来爆香，提神整体香气，切成丝状多用于提味。姜在切开后很容易变黑，切开后要用保鲜膜包起来放在冰箱冷藏，最好能在2周内使用完毕。

香茅 又称柠檬草，气味特别清爽，是云南地区非常有代表性的香草之一。香茅除了用来熬制卤水、制作香茅烤鸡和香茅大虾之类的菜，还能用作蘸水、当腌料、熬料油，甚至用来炒菜或者用来凉拌菜肴。需密封保存，避免潮湿。

蒜 有很好的抗氧化、杀菌和保健功能，富含维生素C。炒菜时，大多会先将蒜头下锅爆香，提升整体香气。经由拍碎或是加热后，会降低蒜头的辛辣感。保存蒜头的方式，放在网状的容器中，并挂在阴凉通风处。

第三章

好简单！
三步骤就能完成的家常小炒

　　"炒"是家庭中最广泛使用的烹饪方法。炒制菜肴已经有了简单迅速的特点，而都市生活节奏的加快，让人连吃饭的时间都省之又省，怎样花最短的时间炒制出好吃又营养的饭菜？这里教你用最简单的三步骤就完成一道美味又健康的菜肴，省时省力不省营养。

鱼香茄子

烹饪时间：**4**分钟
适宜对象：一般人群

no.**2** 材料准备

◆**食材**　肉末……30克
　　　　　姜片、葱白、蒜末、红椒末、葱花各少许
茄子……150克

◆**调料**：豆瓣酱10克，盐、白糖各3克，味精、鸡粉各2克，陈醋、生抽、料酒、水淀粉、芝麻油、食用油各适量

no.**1** 营养 / 功效

>> 茄子富含蛋白质、脂肪、碳水化合物、维生素以及多种矿物质，特别是维生素P的含量极其丰富，能降低毛细血管的脆性及渗透性，使心血管保持正常的功能。

no.**3** 美食做法

1. 茄子切成小块浸入清水中；热锅注油烧至五成热，倒入沥干水分的茄子拌匀，炸约1分钟至软，沥干油后放入碗中待用。

POINT ▸ 鱼香茄子讲究刀工，尽量切一致大小。

2. 锅底留油，倒入配料大火爆香；放肉末翻炒至转色，下豆瓣酱翻炒匀，淋入少许料酒，炒匀后注入适量清水，淋入少许陈醋、生抽，再加入调料。

3. 倒入炸好的茄子压平，中火煮约1分钟入味，用大火收干汁，倒入适量水淀粉快速勾芡，放少许芝麻油、葱花即成。

POINT ▸ 葱在鱼香味菜肴里起画龙点睛的作用，用量不能少。

no.**4** 上桌点评 ★★★★☆

>> 因用烧鱼的配料来炒茄子而得名鱼香茄子，吃起来如有鱼肉的鲜美，柔软鲜滑，令人回味无穷。

鸡汁上海青

烹饪时间：**2分30秒**
适宜对象：男性

no.1 材料准备

◆ **原料**：上海青400克，鸡汁适量
◆ **调料**：盐10克，水淀粉10毫升，味精3克，白糖3克，食用油适量

no.2 美食做法

1. 洗净的上海青菜头切上十字花刀备用，焯煮约1分钟至熟后捞出。

2. 锅放油烧热放入上海青，倒入鸡汁，加调料炒匀。

3. 加水淀粉拌炒均匀，盛盘淋上汤汁即可。

TIPS 上海青炒制太久会影响其外观口感。

---

no.1 材料准备

◆ **原料**：平菇300克，瘦肉100克，红椒片、青椒片各15克，葱白、蒜末、姜末各少许
◆ **调料**：盐5克，水淀粉10毫升，味精3克，食粉3克，白糖3克，料酒3毫升，老抽3毫升，蚝油、食用油各适量

no.2 美食做法

1. 平菇切去根部；瘦肉薄片加调料、水淀粉、食用油腌渍10分钟。

2. 平菇煮断生后备用；肉片滑油至变色捞出备用。

3. 锅底留油，倒入配料爆香，倒入平菇、肉片，加入调料炒至熟透；加水淀粉勾芡，翻炒均匀装盘即可。

平菇炒肉片

烹饪时间：**2.5分钟**
适宜对象：高血压患者

TIPS 平菇若炒制太久会影响外观口感。

扫二维码 跟视频同做美食

宫保鸡丁

烹饪时间：**4**分钟

适宜对象：一般人群

no.**1** 营养 / 功效

>> 鸡肉的蛋白质含量比例较高，种类多，而且消化率高，很容易被人体吸收利用，有增强体力、强壮身体的作用。

no.**2** 材料准备

◆食材　鸡胸肉……300克　　花生……50克　　干辣椒……7克

黄瓜……800克　　　　　　蒜头……10克　　姜片少许

◆调料：盐5克，味精2克，鸡粉3克，料酒3毫升，生粉、食用油、辣椒油、芝麻油各适量

no.**3** 美食做法

1. 将鸡脯肉洗净除筋，切成小丁，盛入碗内，加盐、鸡精、料酒、胡椒粉、淀粉拌匀上劲。

2. 锅内放油烧热，将码好味的鸡丁炒熟，倒入胡萝卜丁、黄瓜丁、干辣椒一起炒熟后捞起。

POINT　注意这里用的是急火爆炒，可以保留鸡丁的鲜嫩。

3. 锅内留少许油，放豆瓣酱，加入上汤，倒入鸡丁、胡萝卜丁、黄瓜丁略炒，放入盐、鸡精、胡椒粉，加生抽、花生米，用淀粉勾芡即可。

no.**4** 美味再一道

辣子鸡丁

烹饪时间：**2**分钟

适宜对象：所有人群

//做法//

鸡胸肉切成丁腌渍10分钟入味，炸至金黄色捞出。倒入配料、调料炒香炒熟即可。

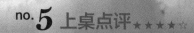

no.5 上桌点评★★★★☆

>> 宫保鸡丁几乎是饭店"点击率"最高的一道菜，其做法简单，在家也能做出饭店的风味，是下饭的最佳选择。

彩椒黄瓜炒鸭肉

烹饪时间：**2分30秒**
适宜对象：一般人群

no.1 营养 / 功效

>> 鸭肉含有维生素B_1、维生素B_2、烟酸、钙、磷、铁等营养成分，具有补阴益血、清虚热、增强免疫力、延缓衰老等功效。

no.2 材料准备

◆ **食材**　鸭肉……180克

彩椒……30克

黄瓜……90克

姜片、葱段各少许

◆ **调料**：生抽5毫升，盐2克，鸡粉2克，水淀粉8毫升，料酒、食用油各适量

no.3 美食做法

1. 洗净的彩椒切成小块，黄瓜切成块；鸭肉切成丁装入碗中，淋入生抽、料酒、少许水淀粉腌渍约15分钟，至其入味备用。

2. 用油起锅，放入姜片、葱段爆香，倒入腌好的鸭肉，快速翻炒至变色，淋入料酒炒香，放入彩椒翻炒均匀，倒入切好的黄瓜翻炒均匀。

POINT　鸭肉油脂含量较少，因此炒制时间不要过久，以免影响口感。

3. 加入少许盐、鸡粉、生抽、水淀粉翻炒均匀，至食材入味关火后盛出炒好的菜肴，装入盘中即可。

no.4 美味再一道

酸豆角炒鸭肉

烹饪时间：**23分钟**
适宜对象：所有人群

// 做法 //

酸豆角切段煮半分钟去除杂质。用油起锅，放配料爆香；倒入鸭肉快速翻炒，放入调料小火焖20分钟即可。

^{no.}**5 上桌点评**★★★☆☆

>> 鸭肉鲜美，黄瓜清爽，彩椒甜不辣，一道毫不腻口的素荤搭，舀一勺拌米饭，整顿饭都鲜脆爽。

干煸四季豆

烹饪时间：**3分钟**
适宜对象：一般人群

no.**1** 材料准备

◆ 原料： 四季豆300克，干辣椒3克，蒜末、葱白各少许

◆ 调料： 盐3克，味精3克，生抽、豆瓣酱、料酒各适量

no.**2** 美食做法

1. 四季豆洗净切段，热锅注油，烧至四成热，倒入四季豆，滑油片刻捞出。

2. 锅底留油，倒入蒜末、葱白；放入洗好的干辣椒爆香，倒入滑油后的四季豆。

3. 加盐、味精、生抽、豆瓣酱、料酒，翻炒约2分钟至入味装盘即可。

TIPS 四季豆滑油前先沥干水分，炒出来的口感更佳。

no.**1** 材料准备

◆ 原料： 青椒150克，蒜末、豆豉各少许
◆ 调料： 盐3克，味精2克，鸡粉少许，蚝油6克，陈醋15毫升，水淀粉、食用油各适量

no.**2** 美食做法

1. 豆豉切碎待用，热锅注油烧至五成热，放入洗净的青椒搅拌匀，转小火炸约1分钟，至其呈虎皮状。

2. 关火后捞出炸好的青椒，沥干油待用；用油起锅，倒入蒜末、豆豉碎炒出香味；注入适量清水，放入少许蚝油、盐、味精、鸡粉、陈醋，拌匀调味。

3. 中火略煮待汤汁沸腾，倒入少许水淀粉搅拌匀至汁水收浓，倒入炸过的青椒，焖煮约1分钟，至其熟软后摆盘即成。

虎皮青椒

烹饪时间：**2分30秒**
适宜对象：一般人群

TIPS 青椒不耐高温，油温不宜太高，以免损失了营养物质。

no.4 上桌点评 ★★★★★

>> 一道吃不腻的家常小炒菜，小芋头的软糯配合腊肉的香软，清香咸辣相交，微微辣味与鲜香相融，妙不可言。

扫二维码
跟视频后做美食

小芋头炒腊肉

烹饪时间：**9分钟**
适宜对象：一般人群

no.1 营养 / 功效

>> 腊肉含有蛋白质、脂肪、碳水化合物、磷、钾、钠等营养物质，具有消食开胃、祛寒等功能。

no.2 材料准备

◆**食材**

去皮小芋头	300克
西芹	50克
红椒	40克
腊肉	250克
豆瓣酱	25克
蒜末、葱段、姜片各少许	

◆**调料**：盐、鸡粉、白糖各1克，生抽5毫升，料酒10毫升，食用油适量

no.3 美食做法

1. 西芹切段，红椒切块，腊肉切片，芋头切厚片；腊肉汆煮一会儿，捞出装盘待用。

2. 芋头炸至金黄待用；将姜末、蒜末爆香，放入豆瓣酱炒香，倒入腊肉翻炒；放入西芹、红椒炒断生，倒入芋头，加入生抽、料酒、少许清水炒熟软。

3. 加入盐、鸡粉、白糖翻炒均匀，倒入葱段炒匀，关火后盛出菜肴装盘即可。

POINT　腊肉本身有咸味，可以少放盐。

扫二维码 跟视频同做美食

蒜苗炒腊肉

烹饪时间：3分钟
适宜对象：老年人

no.1 营养 / 功效

>> 蒜苗含有糖类、粗纤维、胡萝卜素、维生素A、维生素B$_2$、维生素C、烟酸、钙、磷等成分，有降血脂、防止血栓形成以及预防冠心病和动脉硬化的作用。

no.3 美食做法

1. 将洗净的蒜苗叶切段，蒜苗梗切成斜段，洗好的腊肉切薄片；锅中加清水烧热，倒入腊肉煮约1分钟。

2. 将煮好的腊肉捞出，用油起锅倒入腊肉炒至出油，倒入洗好的干辣椒、蒜末、葱段、甜椒炒匀，再倒入蒜苗梗炒匀，加入料酒和少许清水炒匀，倒入蒜苗叶、味精炒匀。

POINT 由于腊肉本身盐味很足，因此炒蒜苗时放盐注意适量。蒜苗不宜烹制过烂，以免杀菌作用降低。

3. 加少许熟油炒匀，加水淀粉勾芡，翻炒至熟透盛入盘中即可。

no.2 材料准备

◆食材　蒜苗……150克　干辣椒……1克
腊肉……150克　甜椒片……30克　葱段、蒜末各少许

◆调料：味精3克，水淀粉10毫升，料酒3毫升，食用油适量

no.4 腊肉的清洗方法
食盐清洗法

>> 盐水的浓度要低于腊肉所含的盐分浓度，咸肉中多余盐分便能逐渐溶解于盐水之中，表面细菌也会被杀死。

//做法//

① 将腊肉放进盆里，注入适量的清水，加入少许食盐，搅匀。　② 浸泡15分钟左右。　③ 用手搓洗腊肉，在流水下冲洗干净，沥干水分。

no.5 上桌点评★★★★☆

>> 湘味名菜，容易上手且成功的概率大，蒜苗褪了生猪肉的荤腥气，腊肉的香味滋润了根根蒜苗，起到了相得益彰的效果。

芹菜炒卤豆干

烹饪时间：**2**分钟
适宜对象：老年人

no.**2** 材料准备

◆**食材**

芹菜……60克

卤豆干……100克　　红椒……25克　　姜片、蒜末、葱段各少许

◆**调料**：盐2克，鸡粉2克，老抽2毫升，食用油适量

no.**1** 营养 / 功效

>> 豆干营养价值较高，含有蛋白质、脂肪、膳食纤维、维生素B_1、维生素B_2、钙、磷、钾、钠、镁、铁等营养元素，可增强人体免疫力，具有抗氧化、降血压的功效。

no.**3** 美食做法

1. 把洗净的芹菜切成段，洗好的红椒切成条，卤豆干切成条，将切好的食材装入盘中，备用。

2. 用油起锅，下入姜片、葱段、蒜末、爆香；倒入红椒、芹菜，翻炒均匀，放入切好的卤豆干；加少许清水，翻炒片刻，放入适量盐、鸡粉、老抽，炒匀调味。

POINT 芹菜在锅中略炒即可，以保持脆爽的口感，营养也不致流失。菜叶含有的胡萝卜素和维生素比茎多，因此不要扔掉。

3. 倒入适量水淀粉，将锅中食材拌炒均匀，把炒好的菜盛出装盘即可。

no.**4** 上桌点评 ★★☆☆☆

>> 一年四季都能吃到的家常菜，芹菜脆嫩，香干味浓，两者搭配，清爽解腻、提神健脑。

酸辣土豆丝

烹饪时间：**3**分钟
适宜对象：女性

no.1 材料准备

◆ 原料：土豆200克，辣椒、葱各少许
◆ 调料：盐3克，白糖、鸡粉、白醋、香油各适量

no.2 美食做法

1. 土豆切丝盛入碗中加清水浸泡；红辣椒切丝，葱切段；热锅注油，倒入土豆丝、葱白翻炒片刻。

2. 加入适量盐、白糖、鸡粉调味，炒约1分钟后倒入适量白醋拌炒匀。

3. 倒入辣椒丝、葱叶拌炒匀，淋入少许香油出锅装盘即成。

TIPS 生土豆丝用清水浸泡一下口感更爽脆。

no.1 材料准备

◆ 原料：猪瘦肉200克，包菜200克，红椒15克，蒜末、葱段各少许
◆ 调料：盐3克，白醋2毫升，白糖4克，料酒、鸡粉、水淀粉、食用油各适量

no.2 美食做法

1. 将包菜、红椒、猪瘦肉切丝；肉丝放入碗中，加入调料腌渍10分钟至入味。

2. 锅中加水、食用油，包菜煮断生备用；用油起锅，放入蒜末爆香，倒入肉丝炒匀，淋入料酒炒至转色。

3. 倒入包菜、红椒拌炒匀，加入调料，放葱段，倒水淀粉勾芡即可。

包菜炒肉丝

烹饪时间：**2**分钟
适宜对象：儿童

TIPS 包菜炒制的时间不宜过长。

五花肉炒扁豆

烹饪时间：**3**分钟
适宜对象：男性

no.**1** 营养 / 功效

>> 五花肉富含铜，铜是人体健康不可缺少的微量元素，对于血液、中枢神经、免疫系统、多个内脏的发育和功能维持有重要作用。

no.**2** 材料准备

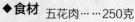

◆食材

五花肉……250克

扁豆……200克

红椒……15克

姜片、蒜末、葱白各少许

◆调料：盐4克，鸡粉2克，白糖3克，豆瓣酱5克，料酒、老抽各4毫升，水淀粉、食用油各适量

no.**3** 美食做法

1. 将洗净的红椒切成小块，将洗净的五花肉切成片。

2. 锅中注入适量清水用大火烧开，加入少许食用油，再倒入摘洗干净的扁豆煮约1分钟至颜色翠绿，捞出焯好的扁豆，沥干水分备用。

   POINT 烹食扁豆前要把扁豆两侧的筋摘净，否则既影响口感，又不易消化。扁豆焯水时，水煮沸后再下锅，变色就可以捞出。

3. 油锅倒入肉片快速炒至转色出油，放入少许老抽、白糖炒匀上色，淋入料酒提味，倒入姜片、蒜末、葱白、红椒大火炒匀；倒入扁豆，转成小火，加入盐、鸡粉、豆瓣酱炒入味，倒入少许水淀粉勾芡，装盘即可。

no.**4** 美味再一道

葱头炒五花肉

烹饪时间：**2**分钟**30**秒
适宜对象：女性

//做法//

五花肉切片，滴上少许老抽，放入白糖，淋入料酒炒香，倒入葱头翻炒至断生，加入调料入味即成。

no. 5 上桌点评★★★★☆

>> 扁豆营养丰富，而且能使五花肉没那么肥腻，扁豆清脆，五花肉鲜嫩多汁，一起放入嘴里，来一场奇妙的味蕾体验。

炒素三丝

烹饪时间：**2**分钟
适宜对象：一般人群

◆**原料：** 绿豆芽100克，金针菇80克，青椒、红椒各20克，豆腐皮120克，姜丝、蒜末、葱段各少许

◆**调料：** 盐、鸡粉各2克，料酒5毫升，食用油适量

no.**2** 美食做法

1. 绿豆芽切去头尾，金针菇切去根部，青椒、红椒、豆腐皮切丝。

2. 用油起锅，放入葱段、姜丝、蒜末爆香，倒入金针菇、青椒丝、红椒丝，放入切豆腐皮、绿豆芽炒匀。

3. 加入盐、鸡粉炒匀，淋入料酒炒至熟软，关火后盛出炒好的菜肴，装盘即可。

TIPS 金针菇先焯一下水能去除其异味。

no.**1** 材料准备

◆**原料：** 黄瓜180克，水发木耳100克，胡萝卜40克，姜片、蒜末、葱段各少许

◆**调料：** 盐、鸡粉、白糖各2克，水淀粉10毫升，食用油适量

no.**2** 美食做法

1. 洗好去皮的胡萝卜切成片，黄瓜切段备用，用油起锅，倒入姜片、蒜片、葱段，爆香。

2. 放入胡萝卜，炒匀，倒入洗好的木耳翻炒匀，加入备好的黄瓜炒匀。

3. 加入少许盐、鸡粉、白糖，炒匀调味，倒入适量水淀粉，翻炒均匀，关火后盛出炒好的菜肴即可。

黄瓜炒木耳

烹饪时间：**2**分**30**秒
适宜对象：一般人群

TIPS 黄瓜应用大火快炒，以免营养流失。

no.4 上桌点评 ★★★☆☆

>> 胡萝卜丁和鸡肉不仅可以做汤品，做成小炒也很合适，胡萝卜淡淡的甜味融入鲜嫩的鸡汁，益气补血的同时还很美味。

扫二维码 跟视频同做美食

胡萝卜丁炒鸡肉

烹饪时间：**2分30秒**
适宜对象：产妇

no.1 营养 / 功效

>> 鸡胸肉含有较多的B族维生素，具有缓解疲劳、保护皮肤的作用。此外，鸡胸肉还含有丰富的铁质，可改善缺铁性贫血。其富含的骨胶原蛋白，具有强化血管、肌肉、肌腱的功能。

no.2 材料准备

◆**食材**

鸡胸肉……180克

胡萝卜……200克

姜片、蒜末、葱白各少许

◆**调料**：盐5克，鸡粉3克，水淀粉5毫升，米酒5毫升，食用油适量

no.3 美食做法

1. 胡萝卜去皮切成丁，鸡胸肉切成丁放入碗中，加入少许盐、鸡粉、水淀粉抓匀，倒入适量食用油腌渍10分钟至入味。

2. 锅中注水烧开倒入胡萝卜丁，加2克盐拌匀，煮至八成熟捞出盘备用；油锅放配料爆香，倒鸡肉丁炒散，加米酒炒香。

POINT 可依据个人口味，在胡萝卜之后加入适量口蘑，味道更佳。

3. 倒入胡萝卜丁，翻炒匀加入适量盐、鸡粉，炒匀调味，倒入适量水淀粉快速拌炒均匀，装盘即可。

尖椒炒猪小肚

烹饪时间：2分钟
适宜对象：一般人群

no.1 营养／功效

>> 猪小肚含有蛋白质、脂肪、碳水化合物、维生素及钙、磷、铁等营养成分，具有补虚损、健脾胃、增强体质、提高免疫力的功效。

no.2 材料准备

◆食材　青椒……65克
卤猪小肚……200克　红椒……40克　姜片、蒜末、葱段各少许

◆调料：盐2克，鸡粉2克，料酒8毫升，生抽8毫升，豆瓣酱10克，水淀粉6毫升，食用油适量

no.3 美食做法

1. 青椒、红椒、卤猪小肚切成小块，锅中注水烧开，放入少许食用油，倒入切好的青椒、红椒，搅匀，煮半分钟至其断生。

POINT 如果使用新鲜猪肚，在焯水时要放入料酒和花椒以除腥味。

2. 焯煮好的青椒和红椒沥干水分待用，锅中倒入适量食用油烧热，放入配料爆香，倒猪小肚翻炒，淋料酒炒香，放青、红椒炒匀。

POINT 炒猪小肚时要大火快炒，待猪小肚卷起来后再炒约1分钟即可。

3. 加入生抽、豆瓣酱、盐、鸡粉，炒匀调味，倒入适量水淀粉翻炒均匀，装盘即可。

no.4 猪肚的清洗

食盐淀粉清洗法

>> 猪肚可以先用食盐和淀粉搓洗，然后放入沸水余烫一下，再进行彻底的清洗。

//做法//

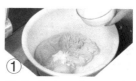

① 将猪肚放入盆里，加入适量的食盐。

② 加入适量的淀粉。

③ 用手揉搓猪肚。

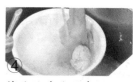

④ 将猪肚冲洗干净。

⑤ 将猪肚放在锅里的沸水中，余烫一下。

⑥ 用漏筛将猪肚从锅里捞出来，沥水备用即可。

no. 5 上桌点评 ★★★☆☆

>> 爽口开胃的佳肴，尖椒搭配任何肉类都非常提味，别提口感弹软的猪肚了，更有增强免疫力的功效。

跟视频同做美食 扫二维码

小炒肝尖

烹饪时间：**1分30**秒
适宜对象：女性

no.1 营养 / 功效

>> 猪肝含有蛋白质、碳水化合物、B族维生素、抗坏血酸、钙、磷、铁、锌等营养成分，具有益气补血、滋润肌肤、保护视力等功效。

no.2 材料准备

◆食材

蒜薹……120克

猪肝……220克

红椒……20克

◆调料：盐3克，鸡粉2克，豆瓣酱7克，料酒8毫升，生粉、食用油各适量

no.3 美食做法

1. 蒜薹切长段，红椒切小块，猪肝切薄片装碗，加调料去除腥味，再撒上适量生粉，裹匀上浆腌渍约10分钟至其入味。

2. 锅中注入适量清水烧开，加入少许食用油、盐，倒入切好的蒜薹、红椒，搅拌匀，焯煮约半分钟至其断生，捞出焯煮好的食材沥干水分待用。

3. 油锅放腌渍好的猪肝片快炒变色，淋入料酒，加豆瓣酱炒出香味，倒入焯过水的食材炒熟，加少许盐、鸡粉，用大火翻炒片刻即成。

POINT 鲜猪肝先在清水里浸泡30分钟有利于分解猪肝中的毒素。

no.4 上桌点评 ★★★☆

>> 猪肝有益气补血的功效，是经常上桌的家常菜，吃起来绵软可口，色香味俱全，细细咀嚼，使人回味无穷。

鸡蛋炒百合

烹饪时间：**1分钟**
适宜对象：一般人群

no.1 材料准备

◆**原料：** 鲜百合140克，胡萝卜25克，鸡蛋2个，葱花少许

◆**调料：** 盐、鸡粉各2克，白糖3克，食用油适量

no.2 美食做法

1. 洗净去皮的胡萝卜切成片，鸡蛋打入碗中，加入盐、鸡粉，拌匀制成蛋液备用。

2. 锅中注入适量清水烧开倒入胡萝卜、百合拌匀，加入少许白糖煮至食材断生，捞出待用。

3. 用油起锅，倒入蛋液炒匀，放入焯过水的材料炒匀，撒上葱花炒出葱香味，盛出炒好的菜肴即可。

TIPS 百合可先用温水浸泡一会儿再清洗，能更易清除其杂质。

---

no.1 材料准备

◆**原料：** 西红柿100克，鸡蛋2个，洋葱95克，葱花少许

◆**调料：** 盐3克，鸡粉2克，水淀粉4毫升，食用油适量

no.2 美食做法

1. 去皮洗净的洋葱切小方块，西红柿切小块，鸡蛋打入碗，加入少许盐打散调匀。

2. 用油起锅，倒入调好的蛋液炒熟，将炒好的鸡蛋盛出待用。

3. 锅底留油倒入切好的洋葱、西红柿翻炒，放入炒好的鸡蛋炒匀，倒少许清水炒熟软，加盐、鸡粉，倒入水淀粉勾芡，撒上葱花即可。

西红柿洋葱炒蛋

烹饪时间：**2分钟**
适宜对象：高血压患者

TIPS 西红柿翻炒后再倒鸡蛋，汁水更多。

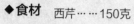
扫一二维码 跟视频同做美食

西芹炒虾仁

烹饪时间：**2**分钟
适宜对象：高血压患者

no.1 营养 / 功效

>> 西芹含有芳香油及多种维生素、游离氨基酸等营养成分，具有增进食欲、降低血压、健脑、清肠利便、促进血液循环等功效。

no.2 材料准备

◆食材

西芹……150克
虾仁……100克

红椒……10克

姜片、葱段各少许

◆调料：盐、鸡粉各2克，水淀粉、料酒、食用油各适量

no.3 美食做法

1. 将洗净的西芹切成段，红椒切成段，虾仁从背部切开，去除沙线装入碗中，放入少许盐、鸡粉、水淀粉拌匀腌渍约10分钟。

2. 锅中注入适量清水烧开，加少许盐、食用油，倒入西芹煮约半分钟后放入红椒，续煮约半分钟，捞出食材备用，沸水锅中倒入虾仁氽煮至淡红色，捞出待用。

   POINT ▶ 西芹用热盐水焯烫后过一下凉水，能够保持鲜艳的颜色，口感也更脆。

3. 用油起锅，倒入姜片、葱段爆香，放入虾仁，淋入料酒炒香，倒入西芹、红椒，翻炒均匀，放入少许盐、鸡粉，炒匀调味；倒入水淀粉勾芡装盘即可。

   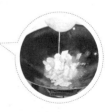

   POINT ▶ 虾仁翻炒的时间不要太长，炒出的虾仁才鲜嫩。

no.4 美味再一道

西芹炒腊肉

烹饪时间：**3**分钟
适宜对象：一般人群

//做法//

西芹和腊肉分别焯水后捞出。入腊肉，炒至出油后淋入少许料酒，加配料翻炒后倒入西芹翻炒，加调料调味即可。

no. 5 上桌点评 ★★★☆☆

>> 一道简易美味的清肠菜，西芹清肠利便，有利于减肥美容，虾仁鲜嫩可口，营养丰富，夏季上桌佳品。

炝炒生菜

烹饪时间：**1**分**30**秒

适宜对象：糖尿病患者

no.**1** 材料准备

◆原料：生菜200克

◆调料：盐2克，鸡粉2克，食用油适量

no.**2** 美食做法

1. 将洗净的生菜切成瓣装盘待用。

2. 锅中注入适量食用油，烧热后放入切好的生菜。

3. 将生菜快速翻炒至熟软，加盐、鸡粉调味，盛出装盘即可。

TIPS 生菜调料要少放，以保持其鲜嫩。

no.**1** 材料准备

◆原料：肉末120克，豆角230克，彩椒80克，姜片、蒜末、葱段各少许

◆调料：食粉2克，盐2克，鸡粉2克，蚝油5克，水淀粉5毫升，生抽、料酒、食用油各适量

no.**2** 美食做法

1. 豆角切段，彩椒切丁，水烧开，放少许食粉、豆角，煮1分30秒至断生，捞出沥水待用。

2. 油锅放肉末快炒，淋入料酒、生抽，放入姜片、蒜末、葱炒香。

3. 倒入彩椒丁、焯过水的豆角翻炒，加入盐、鸡粉、蚝油快炒至食材入味即可。

肉末豆角

烹饪时间：**2**分**30**秒

适宜对象：一般人群

TIPS 豆角焯水时间过久会影响脆嫩的口感。

no.**4** 上桌点评 ★★☆☆☆

>> 青椒排毒养颜，洋葱有软化血管的作用，还能防癌抗癌，既是简单家常菜，又是保健药膳。

扫二维码 跟视频同做美食

青椒洋葱炒肉

烹饪时间：**5**分钟
适宜对象：老年人

no.**1** 营养 / 功效

>> 洋葱含有硒，能使人体产生大量的谷胱甘肽，能让癌症发生概率大大下降；洋葱还含有糖、蛋白质、维生素及各种无机盐等营养成分，对机体代谢有一定促进作用，能较好地调节神经，增强记忆力；洋葱的挥发成分亦有较强的刺激食欲、帮助消化、促进吸收等功能。

no.**2** 材料准备

◆**食材**　洋葱……80克

瘦肉……150克　　青椒片……15克　　圆椒、姜片、蒜末各适量

◆**调料**：盐、味精、水淀粉、香油、红糖各少许

no.**3** 美食做法

1. 把洗净的瘦肉和洋葱切片；肉片加盐、味精、水淀粉拌匀，淋少许香油腌渍入味。

2. 热锅注油，烧至两成热，倒入肉片过油片刻，捞出待用。

POINT ▶ 肉片在过油时时间不宜过长，否则会影响肉质的鲜嫩度。

3. 另起锅注油，放入姜片、蒜末、圆椒、洋葱翻炒拌匀，倒入瘦肉，加盐、味精、红糖翻炒熟；加入适量水淀粉拌炒均匀，出锅盛盘即可。

扫二维码 跟视频同做美食

榨菜牛肉丁

烹饪时间： 1分50秒
适宜对象： 一般人群

no.1 营养 / 功效

>> 榨菜含有谷氨酸、天门冬氨酸等人体所需的多种游离氨基酸，能健脾开胃、补气填精、增食助神。

no.3 美食做法

1. 去皮洗净的洋葱切小块，红椒切小块，榨菜切丁备用，牛肉切丁装碗，加少许生抽、盐、鸡粉、生粉腌渍10分钟；清水烧开，切好的榨菜焯煮2分钟捞出，沥水备用。

POINT 腌渍牛肉的时候还可以加少许小苏打，使牛肉更嫩滑，还可以中和其酸性。

2. 炒锅注油烧热放入牛肉丁，炒至变色，放入姜末、蒜末、葱段炒香；倒入焯好的榨菜，放入切好的洋葱、红椒翻炒匀。

3. 加入适量鸡粉、盐，炒匀调味，淋入料酒，炒匀，倒入生抽翻炒匀，倒入少许水淀粉快速翻炒匀，盛出炒好的食材装盘即可。

no.2 材料准备

◆ 食材

牛肉……50克　　红椒……35克
榨菜……250克　洋葱……40克
姜末、蒜末、葱段各少许

◆ 调料：生抽9毫升，盐3克，鸡粉3克，水淀粉4毫升，料酒5毫升，生粉、食用油各适量

no.4 牛肉刀工详解

牛肉切丁

>> 整齐划一、大小一致的牛肉丁定能为本菜加分！

// 做法 //

① 取一块洗净的牛肉，切成大块。

② 将大块切条状。

③ 大块都切成同样大小的条状。

④ 把牛肉条堆放整齐切成丁。

⑤ 将牛肉条全都切成均匀的丁即可。

no.5 上桌点评 ★★★★☆

>> 酸脆爽口的榨菜搭配营养丰富的牛肉，荤素组合，均衡合理，开胃下饭的同时醒脾补气，赶紧上桌吧！

椒香肉片

烹饪时间：**2分30**秒
适宜对象：一般人群

no.1 营养 / 功效

>> 白菜含蛋白质、胡萝卜素、维生素A、维生素C、膳食纤维、钙、磷、铁、钾等营养成分，具有解热除烦、通利肠胃、养胃生津等功效。

no.2 材料准备

◆食材
白菜……150克
猪瘦肉……200克
红椒……15克

桂皮、花椒、八角、干辣椒、姜片、葱段、蒜末各少许

◆调料：生抽4毫升，豆瓣酱10克，鸡粉4克，盐3克，陈醋7毫升，水淀粉8毫升，食用油适量

no.3 美食做法

1. 红椒切段，白菜去根部切成段，猪瘦肉切薄片装碗，加少许盐、鸡粉、水淀粉搅匀上浆，倒适量食用油腌10分钟。

POINT 可以先炒不易熟的白菜梗。猪肉选择里脊肉为好，肉质较嫩无筋膜。

2. 热锅注油烧至四成热，倒入腌好的肉片滑油半分钟至肉片变色，捞出沥干油备用；锅底留油倒入葱段、蒜末、姜片爆香，撒入红椒、桂皮、花椒、八角、干辣椒炒出香味。

3. 白菜翻炒至变软；注清水放入肉片翻炒，加生抽、豆瓣酱、鸡粉、盐、陈醋炒匀，倒水淀粉勾芡续炒片刻，盛盘即可。

no.4 上桌点评 ★★★☆☆

>> 上桌就香喷喷捉住食客们嗅觉的美味菜肴，闻着香吃起来更香，简单不简约，色香味一个都不缺的五分钟上桌菜。

>> 简单至极的常见家常菜，餐桌上少不了几样时蔬，茄子容易入味，软糯香滑，健康美味就是它。

扫二维码
跟视频同做美食

青椒炒茄子

烹饪时间：2分钟
适宜对象：糖尿病患者

no.1 营养 / 功效

>> 茄子含有蛋白质、维生素及钙、磷、铁等多种营养成分，有清热解暑的作用。常吃茄子，可使血液中胆固醇和血糖含量不致增高，对糖尿病患者有益。

no.2 材料准备

◆食材

青椒……50克

茄子……150克

姜片、蒜末、葱段各少许

◆调料：盐2克，鸡粉2克，生抽、水淀粉、食用油各适量

no.3 美食做法

1. 茄子切片，青椒切小块，锅中注水烧开，加入少许食用油，放入茄子搅匀煮沸。

2. 倒入青椒煮片刻至断生，把焯好的茄子和青椒捞出备用。用油起锅，放入姜片、蒜末、葱段爆香。

3. 倒入焯过水的青椒和茄子翻炒匀，加入适量鸡粉、盐、生抽炒匀调味，倒入适量水淀粉快速拌炒均匀装盘即成。

POINT → 加少许醋能使茄子的口感更佳。

>> 冬瓜带着清香被酸辣的口味包裹，软硬皆有的口感让人欲罢不能，是美容养颜的最佳选择。

扫二维码 跟视频同做美食

酸辣炒冬瓜

烹饪时间：**5**分钟
适宜对象：女性

no.1 营养 / 功效

>> 冬瓜富含的丙醇二酸能有效控制体内的糖类转化为脂肪，防止体内脂肪堆积，还能把多余的脂肪消耗掉，对预防高血压、动脉粥样硬化有良好的效果。此外，冬瓜的美容功效也很显著，女性可以经常食用。

no.2 材料准备

◆**食材**

冬瓜……300克

干辣椒、蒜末、葱花各少许

◆**调料**：豆瓣酱20克，盐、味精、鸡精、白醋、水淀粉、食用油各少许

no.3 美食做法

1. 去皮洗净的冬瓜切成薄片，锅中注少许食用油，放入蒜末、干辣椒爆香，倒入冬瓜翻炒至五成熟。

POINT ▸ 冬瓜片切得薄一点，可以缩短成菜的时间。

2. 加盐、味精、鸡精调味，倒入少许清水炒至入味。

3. 放入白醋、豆瓣酱翻炒至熟透，用水淀粉勾芡转小火炒匀，出锅装盘，撒上葱花即成。

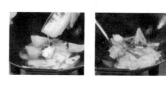

第四章

超爽口!
清新爽口的开胃凉菜

胃口不好的时候吃什么都觉得寡淡无味,面对
主菜大菜也没有食欲,提不起兴趣,这时候来
一份开胃爽口的凉菜简直拯救了大家的味觉,
既能"点饥"又能"开胃",在开饭前端上
桌,作为餐前开胃菜,好吃不胖,还能保证营
养的均衡摄入。

凉拌海带丝

烹饪时间：**3分钟**
适宜对象：女性

海带丝不能煮太软，否则影响口感。

no. **1** 材料准备

◆原料： 海带丝200克，蒜末20克
◆调料： 盐10克，白醋15毫升，味精3克，陈醋3毫升，生抽3毫升，食用油、辣椒油、芝麻油各适量

no. **2** 美食做法

1. 将洗净的海带丝切5厘米长段，锅中加约1000毫升清水烧开，加白醋、盐、少许食用油，倒入海带丝煮约2分钟至熟。

2. 将煮好的海带丝捞出盛入碗中，加入备好的蒜末，再分别加入味精、盐、生抽。

3. 淋入少许陈醋、适量的辣椒油、芝麻油用筷子拌匀装盘即可。

no. **1** 材料准备

◆原料： 鱼腥草150克，蒜末、青红椒丝、香菜叶各少许
◆调料： 盐2克，味精、辣椒油、花椒油、芝麻油各适量

no. **2** 美食做法

1. 将洗好的鱼腥草切段，锅中加清水烧开，放入盐、食用油拌匀。

2. 倒入鱼腥草煮沸后捞出，装碗备用。

3. 鱼腥草中加入盐、味精、蒜末、青红椒丝、洗好的香菜叶。

4. 再加入辣椒油、花椒油、芝麻油，搅拌均匀，装盘即成。

凉拌鱼腥草

烹饪时间：**2分钟**
适宜对象：

花椒和辣椒炸成辣椒油，浇上可减腥味。

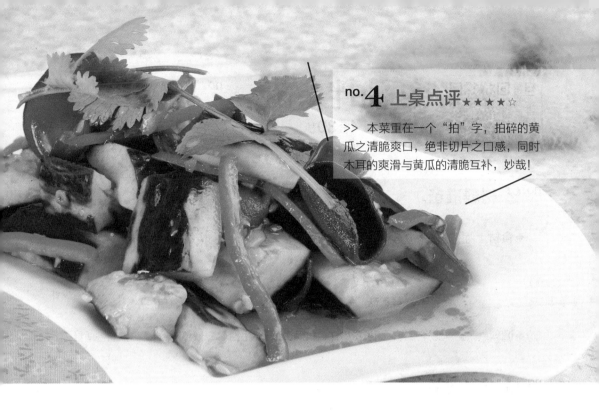

>> 本菜重在一个"拍"字，拍碎的黄瓜之清脆爽口，绝非切片之口感，同时木耳的爽滑与黄瓜的清脆互补，妙哉！

跟视频同做美食
扫二维码

木耳拍黄瓜

烹饪时间：3分钟
适宜对象：一般人群

no.**1** 营养 / 功效

>> 黄瓜含有蛋白质、粗纤维、维生素B₁、维生素C、磷、铁等营养成分，具有清热利水、解毒消肿、生津止渴、降血糖等功效。

no.**2** 材料准备

◆**食材**
水发木耳……80克
黄瓜……500克
蒜末、红椒丝、葱花各少许

◆**调料**：盐2克，鸡粉2克，陈醋、辣椒油、芝麻油各适量

no.**3** 美食做法

1. 将洗净的黄瓜拍破，切成段，备用。

POINT 喜欢重口味的话也可加少量盐腌制黄瓜，味道更浓。

2. 锅中注入适量清水烧开，放入木耳，煮约1分30秒至熟，装盘备用。

3. 取一个大碗，放入蒜末、红椒丝、葱花，倒入陈醋、辣椒油、芝麻油、盐、鸡粉拌匀，放入木耳、黄瓜，拌匀装盘即可。

扫二维码 跟视频同做美食

红油拌杂菌

烹饪时间：**4**分**30**秒
适宜对象：男性

no.**1** 营养 / 功效

>> 白玉菇含有B族维生素、维生素C、维生素D、维生素E、磷、铁、锌等营养成分，具有镇痛、排毒、止咳化痰、降血压等功效。

no.**2** 材料准备

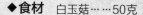

◆**食材** 白玉菇……50克　杏鲍菇……55克　

鲜香菇……35克　　　平菇……30克　　蒜末、葱花各少许

◆**调料**：盐、鸡粉各2克，胡椒粉少许，料酒3毫升，生抽4毫升，辣椒油、花椒油各适量

no.**3** 美食做法

1. 将洗净的香菇切开，再切小块，洗净的杏鲍菇切开，再切片，改切成条形备用。

2. 锅中注入适量清水烧开，倒入切好的杏鲍菇拌匀，用大火煮约1分钟，放入香菇块拌匀，淋入少许料酒。

3. 倒入洗好的平菇、白玉菇拌匀，煮至断生，关火后捞出材料，沥干水分后倒入大碗。

POINT 焯煮食材时加入少许食用油，口感会更爽滑；水要沥干，否则有生水的味道。

4. 加入少许盐、生抽、鸡粉，放入适量胡椒粉，撒上备好的蒜末，淋入适量辣椒油、花椒油拌匀，放入葱花，拌好装盘即可。

no.**4** 美味再一道

红油拌心里美萝卜

烹饪时间：**3**分钟
适宜对象：一般人群

//做法//

心里美萝卜切丝，放沸水中煮熟，加盐、鸡粉、白糖、蒜末、葱花，加入适量辣椒油和芝麻油拌匀即成。

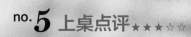

no.5 上桌点评 ★★★☆☆

>> 这是一道火辣辣的开胃凉菜。各种菌类的组合意味着丰富的蛋白质，做法虽简单，却能组合出不一样的爽滑口感。尤其春季是菌类多发的季节，健康美味，不容错过。

香干拌猪耳

烹饪时间：**4**分钟
适宜对象：一般人群

no.**1** 营养 / 功效

>> 香干含有丰富的维生素A、B族维生素、钙、铁等营养元素，具有益气宽中、清热解毒、和脾胃等功效。

no.**3** 美食做法

1. 把洗净的香菜切成小段，洗净的香干切成条，卤猪耳切成薄片；切好的食材装入盘中待用。

2. 锅中注入适量清水烧开加少许盐，倒入食用油，放入香干，煮约2分钟至熟；捞出香干沥水待用。

3. 取一大碗，放入香干，加盐、鸡粉，淋入少许生抽拌至入味。

POINT 卤猪耳本身带盐，所以放盐时注意掌握量。

4. 碗中放入猪耳，倒入蒜末和香菜、淋入辣椒油、撒上红椒丝、倒入少许芝麻油。

POINT 辣椒油应少放，辣椒素过多会刺激胃黏膜，引起胃痛、腹泻等症。

5. 拌约1分钟至入味，装盘即成。

no.**2** 材料准备

◆**食材**　卤猪耳……150克　　香菜……10克

香干……300克　　　　红椒丝、蒜末各少许

◆**调料**：盐3克，鸡粉2克，生抽、辣椒油、芝麻油、食用油各适量

no.**4** 猪耳刀工详解

猪耳切丝

>> 猪耳切丝后既便于烹饪入味，又便于夹取食用。

//做法//

① 洗净的猪耳从中间切成两半。

② 取其中一块修整不规整的一端。

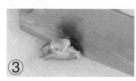
③ 可将不规整一端的肉切掉，修理整齐。

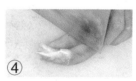
④ 将猪耳的另一端也切整齐。

⑤ 用直刀法开始切丝。

⑥ 把猪耳片用刀切成均匀的丝状即可。

no.5 上桌点评★★★★☆

>> 香干价廉物美，营养丰富；猪耳香脆，
在唇齿之间生出许多妙趣，非常经典的一款
凉菜。

扫二维码 跟视频同做美食

海带拌腐竹

烹饪时间：**4**分钟
适宜对象：老年人

no.**2** 材料准备

◆食材
　胡萝卜……25克
　水发海带……120克
　水发腐竹……100克

◆调料：盐2克，鸡粉少许，生抽4毫升，陈醋7毫升，芝麻油适量

no.**1** 营养 / 功效

>> 腐竹含有蛋白质、纤维素、维生素E、B族维生素、铁、镁、锌、钙等营养成分，具有补钙、降低胆固醇含量、益智健脑等功效。

no.**3** 美食做法

1. 将洗净的腐竹切段，洗好的海带切细丝，洗净去皮的胡萝卜切丝备用。

2. 锅中注入适量清水烧开，放入腐竹段拌匀；略煮一会儿至其断生，捞出沥水待用。

3. 沸水锅中再倒入海带丝搅散；用中火煮约2分钟，至其熟透，再捞出材料，沥水待用。

4. 取一个大碗，倒入焯过水的腐竹段和海带丝，撒上胡萝卜丝拌匀。

5. 加入少许盐、鸡粉，淋入适量生抽、陈醋，倒入少许芝麻油匀速地搅拌至食材入味，盛盘即成。

POINT 加一点蒜提味，口味更好。海带多放入一些芝麻油，口感更佳。

no.**4** 上桌点评 ★★★☆☆

>> 海带绵硬，腐竹质软，二者搭配是饭桌上最常见的凉拌菜之一，口感绝佳，补充蛋白质，夏季的最爱。

凉拌莴笋

烹饪时间：**3**分钟
适宜对象：高血压患者

no.**1** 材料准备

◆原料： 莴笋100克，胡萝卜90克，黄豆芽90克，蒜末少许
◆调料： 盐3克，鸡粉少许，白糖2克，生抽4毫升，陈醋7毫升，芝麻油、食用油各适量

no.**2** 美食做法

1. 胡萝卜切成细丝，莴笋切成丝。

2. 锅中注水烧开，加入少许盐、食用油；倒入胡萝卜丝、莴笋丝煮约1分钟；再放入黄豆芽煮约半分钟。

3. 食材熟透后捞出沥干水装碗，撒上蒜末、盐、鸡粉、白糖；淋入适量生抽、陈醋、芝麻油；搅拌至食材入味，摆好盘即成。

TIPS 黄豆芽脆嫩，焯煮的时间不宜过长。

no.**1** 材料准备

◆原料： 熟牛舌150克，蒜末15克，葱花10克
◆调料： 盐3克，鸡粉3克，生抽3毫升，辣椒油少许，芝麻油适量

no.**2** 美食做法

1. 把熟牛舌切开，再改切成薄片，装在碗中。

2. 加入适量盐、生抽、鸡粉再倒入蒜末、葱花。

3. 放入少许辣椒油、芝麻油拌约1分钟至入味，装盘摆上装饰即成。

红油牛舌

烹饪时间：**2**分钟
适宜对象：男性

TIPS 处理牛舌时把表面老皮撕下，刮洗净。

跟视频同做美食 扫二维码

甜椒拌苦瓜

烹饪时间：**2**分钟
适宜对象：老年人

no.**1** 营养 / 功效

>> 苦瓜含有胡萝卜素、膳食纤维、B族维生素、维生素E、苦瓜苷及多种矿物质，具有增强免疫力、清心明目、降血糖等功效。

no.**2** 材料准备

◆食材

苦瓜……150克

彩椒、蒜末各少许

◆调料：盐、白糖各2克，陈醋9毫升，食粉、芝麻油、食用油各适量

no.**3** 美食做法

1. 苦瓜切成粗条；彩椒切粗丝，锅中注清水烧开，淋少许食用油，彩椒丝煮至断生，捞出待用。

2. 沸水锅中倒入苦瓜条，撒上少许食粉拌匀，煮至食材熟透，捞出沥干水分待用。

3. 取大碗，放入焯煮好的苦瓜条、彩椒丝；撒上蒜末，加少许盐、白糖，倒入陈醋、芝麻油拌匀，盛出装盘即可。

POINT 焯苦瓜的时间不要太长，保持一点苦瓜的脆劲更好吃。焯后过一下凉开水能减轻苦味。

no.**4** 美味再一道

西芹拌苦瓜

烹饪时间：**4**分钟
适宜对象：一般人群

// 做法 //

西芹、红椒煮熟后捞出沥水备用，苦瓜加食粉煮熟捞出，加调料拌匀入味即可。

no.**5** 上桌点评★★★☆☆

>> 一道营养的凉菜，苦瓜清热解毒、消炎退热，还能瘦身，甜椒的清甜能够中和苦瓜的苦味，吃起来就没那么苦了。

小葱拌豆腐

烹饪时间：**10分钟**
适宜对象：老年人

◆原料：豆腐300克，蒜末、葱花各少许

◆调料：盐3克，生抽7毫升，鸡粉、辣椒油、芝麻油各适量

no.2 美食做法

1. 豆腐切成方块装盘，取一个干净的碗，放入适量鸡粉，加入少许生抽、盐再加入少许开水拌匀，调成味汁。

2. 将调好的味汁淋在豆腐块上，放入蒸锅，加盖，大火蒸8分钟。

3. 揭盖，将蒸好的豆腐块取出，撒入葱花和蒜末，淋入少许辣椒油和芝麻油即成。

TIPS 豆腐切好后放盐水中焯煮可去酸味。

no.1 材料准备

◆原料：莲藕150克，彩椒20克，花椒适量，姜丝、葱丝各少许

◆调料：盐、鸡粉各2克，白醋12毫升，食用油适量

no.2 美食做法

1. 彩椒切细丝，莲藕切薄片备用；清水烧开，倒入藕片拌匀，用中火煮约2分钟至断生，捞出材料沥干水分待用。

2. 用油起锅，放入备好的花椒，炸出香味；撒上姜丝炒匀，淋入适量白醋，加入少许盐、鸡粉。

3. 大火略煮后放入彩椒丝、葱丝煮至断生，制成味汁淋在藕片上即可。

香麻藕片

烹饪时间：**4分钟**
适宜对象：一般人群

TIPS 焯煮藕片可淋入少许白醋减轻其涩味。

no.4 上桌点评★★★★☆

>> 名为夫妻肺片，却不用牛肺就是它的特色，片大而薄，口味麻辣浓香。红油重彩，用料考究，深得人心。

夫妻肺片

烹饪时间：**5分钟**
适宜对象：一般人群

no.1 营养 / 功效

>> 牛肚即牛胃，含有蛋白质、脂肪、钙、磷、铁等营养物质，具有补益脾胃、补气养血、补虚益精、消渴之功效，适宜病后虚羸、气血不足、营养不良、脾胃虚弱之人食用。

no.2 材料准备

◆**食材**　熟牛蹄筋……150克
　　　　　青椒、红椒……15克
熟牛肉……80克　熟牛肚……150克　蒜末、葱花各少许

◆**调料**：生抽3毫升，陈醋、辣椒酱、老卤水、辣椒油、芝麻油各适量

no.3 美食做法

1. 把牛肉、熟牛蹄筋、牛肚放入煮沸的卤水锅中，盖上盖，小火煮15分钟后捞出，装入盘中晾凉备用。

2. 青椒和红椒切成粒；卤好的熟牛蹄筋切成小块、牛肉切片、牛肚切片备用。

POINT 牛筋、牛肚韧性大，应切小一点，以免难嚼。

3. 将食材全部倒入碗中，再放入青椒、红椒、蒜末、葱花。

4. 倒入适量陈醋、生抽、辣椒酱、老卤水、辣椒油、芝麻油拌匀，装盘即可。

POINT 动物内脏胆固醇含量高，血脂高者少食。

香辣凤爪

烹饪时间：**12**分钟
适宜对象：女性

no.**1** 营养 / 功效

>> 鸡爪的营养价值很高，含有蛋白质、维生素、镁、铁以及锌、铜等成分，具有开胃消食等功效。鸡爪还含有丰富的钙质及胶原蛋白，常食不但能软化血管，同时具有美容功效，女性常食可令肌肤光滑充满弹性。

no.**2** 材料准备

◆食材

鸡爪……300克

蒜末、葱花各少许

◆调料：盐3克，味精、鸡粉、辣椒酱、芝麻油各适量

no.**3** 美食做法

1. 将洗净的鸡爪切去爪尖，并斩成小块装盘备用。

POINT ▶ 鸡爪的爪尖要切除干净，否则误食后易刮伤口腔或肠胃。

2. 锅中加水、少许盐、味精、鸡爪，大火把水烧开后慢火煮10分钟至熟。

3. 把煮熟的鸡爪捞出倒入碗中，加入蒜末、葱花、辣椒酱。

POINT ▶ 辣酱也可以用辣椒和老干妈代替。

4. 加入鸡粉、盐、适量芝麻油，用筷子拌匀即可。

no.**4** 鸡爪清洗详解

鸡爪清洗

>> 鸡爪本身有一股土腥味，要想去掉腥味，最好先用碱粉去味，汆烫后再清洗。

// 做法 //

① 将鸡爪放入容器里，加入适量的食用碱。

② 用手揉搓均匀。

③ 静置15分钟左右。

④ 将鸡爪涮洗一下。

⑤ 将鸡爪放入沸水锅中，进行汆烫。

⑥ 将汆烫过的鸡爪冲洗一下，沥干水分即可。

no.5 上桌点评★★★★☆

>> 凤爪做起来容易吃起来不易，但层层咬
开一节节脆骨，感受浓香的汁液和胶着的口
感，这种体验也只有凤爪能给噢！

扫二维码 跟视频同做美食

什锦小菜

烹饪时间：**2**分钟

适宜对象：一般人群

no.**1** 营养 / 功效

>> 木耳含有蛋白质、胡萝卜素、多糖、维生素、钙、磷、铁等营养成分，具有益气补血、帮助消化、降血脂、增强免疫力等功效。

no.**2** 材料准备

◆食材　彩椒……50克　虾皮……20克

水发木耳……35克　洋葱……40克　葱花少许

◆调料：盐2克，生抽4毫升，芝麻油5毫升，陈醋、鸡粉、白糖各适量

no.**3** 美食做法

1. 把虾皮装碗注水泡约10分钟，沥水待用。

2. 洋葱切粒、彩椒切丁、木耳切碎备用。

3. 取碗加入盐、白糖、鸡粉、生抽、少许陈醋、芝麻油搅拌均匀。

4. 倒入洋葱、木耳、彩椒、虾皮，搅拌至入味。

POINT 菜的种类可以根据自己的爱好增添，拌好后最好马上食用，否则菜遇盐太久析出水分会影响口感。拌食材时可以加一点泡虾皮的水，味道会更鲜美。

5. 将拌好的食材装入盘中，撒上葱花即可。

no.**4** 上桌点评 ★★★☆☆

>> 颜色鲜艳好看的凉菜上桌，让人心情大好，忍不住多添一碗米饭，多种蔬菜营养均衡搭配，色香味俱全。

姜汁皮蛋

烹饪时间：**2**分钟
适宜对象：一般人群

no.**1** 材料准备

◆原料：皮蛋2个，姜末、蒜末、葱花各少许
◆调料：盐2克，陈醋4毫升，生抽3毫升，芝麻油、辣椒油各适量

no.**2** 美食做法

1. 将皮蛋剥去外壳，切成小瓣，摆入盘中。

2. 取一个碗，倒入姜末、蒜末和葱花，加入适量盐，倒入少许陈醋、生抽、芝麻油、辣椒油。

3. 用勺子充分拌匀，将拌好的材料浇在皮蛋上即可。

TIPS ▶ 食用皮蛋，配姜末和醋可以解毒。

no.**1** 材料准备

◆原料：卤羊肉200克，香菜10克，红椒圈、蒜末各少许
◆调料：盐2克，鸡粉、陈醋、生抽、辣椒油、芝麻油各适量

no.**2** 美食做法

1. 香菜洗净，切成小段；卤羊肉切成薄片。

2. 将羊肉片装在碗中，倒入蒜末、红椒、香菜，淋上少许陈醋、生抽。

3. 加入盐、鸡粉、辣椒油，搅拌半分钟至入味；再倒上少许芝麻油，拌约半分钟至入味，装盘即成。

凉拌羊肉

烹饪时间：**2**分**30**秒
适宜对象：儿童

TIPS ▶ 羊肉横切时，比较漂亮。

扫二维码 跟视频同做美食

菠菜拌粉丝

烹饪时间：**2分30秒**
适宜对象：糖尿病者

no. 1 营养 / 功效

>> 菠菜含有纤维素、维生素和矿物质，是糖尿病患者的食疗佳蔬。常食菠菜能滋阴润燥，通利肠胃，泄火下气。

no. 2 材料准备

◆ **食材** 菠菜……130克

水发粉丝……70克

红椒……15克

蒜末少许

◆ **调料：** 盐2克，鸡粉2克，生抽4毫升，芝麻油2毫升，食用油适量

no. 3 美食做法

1. 洗净的菠菜、粉丝切成段；红椒切成丝。

POINT 菠菜要先洗后切，如果先把菠菜切开再清洗，菠菜的营养容易被水带走。

2. 锅中注水烧开倒少许食用油，粉丝倒滤网中，放入沸水中烫煮片刻捞出待用。

3. 菠菜倒入沸水锅中搅匀，煮约1分钟。

POINT 水中加点盐，可使菠菜颜色更加翠绿，不易变黄。

4. 放入切好的红椒丝，拌煮片刻后捞出放入碗中。

5. 再放入粉丝，倒入蒜末，加入盐、鸡粉、生抽、芝麻油拌匀，装盘即可。

no. 4 美味再一道

紫甘蓝拌粉丝

烹饪时间：**3分钟**
适宜对象：一般人群

// 做法 //

放入粉丝焯至熟软，与紫甘蓝细丝、香菜梗装碗，加入蒜末、葱丝、彩椒、调料拌匀即可。

^{no.}**5** 上桌点评★★★★☆

>> 菠菜拌粉丝也是经典的凉菜，鲜嫩的菠菜清爽可口，滑溜的粉丝劲道入味，做法简单，吃起来酸辣浓香。

红油酸菜

烹饪时间：**4**分钟
适宜对象：一般人群

no.**1** 材料准备

◆**原料：**酸菜200克，蒜末、干辣椒、辣椒面各8克
◆**调料：**白糖、鸡粉、辣椒油、食用油各适量

no.**2** 美食做法

1. 酸菜切成丁，沸水锅加食用油，将酸菜煮约2分钟至熟，捞出备用。

2. 油锅加入适量辣椒油，倒入干辣椒、辣椒面炒香，加入适量白糖、鸡粉，用锅勺搅拌匀，制成调味料。

3. 把酸菜倒入碗中，然后加入炒制好的调味料，用筷子拌匀至入味，装盘即可。

TIPS 酸菜盐分很高，所以可以不放盐。

no.**1** 材料准备

◆**原料：** 火腿120克，水发腐竹80克，红椒20克，香菜15克，蒜末少许
◆**调料：** 盐2克，鸡粉2克，生抽4毫升，芝麻油8毫升，食用油适量

no.**2** 美食做法

1. 红椒切细丝、腐竹切粗丝、火腿切粗条，水烧开后加入少许食用油，将腐竹、红椒煮断生，沥水待用。

2. 取一个大碗，倒入腐竹、红椒，加入少许盐腌渍约5分钟。

3. 放入香菜、火腿，撒上蒜末，加入鸡粉、生抽、芝麻油。拌匀至食材入味盛盘即成。

蒜泥三丝

烹饪时间：**6**分钟
适宜对象：一般人群

TIPS 腐竹可用温水泡发，能节省泡发的时间。

no.**4** 上桌点评 ★★★★☆

>> 熟悉的老干妈风味，配上猪肝绵软的口感，猪肝的腥味被完全祛除，只有鲜香的味道，吃一次就难忘。

扫二维码　跟视频同做美食

老干妈拌猪肝

烹饪时间：2分钟
适宜对象：女性

no.**1** 营养 / 功效

>> 猪肝富含维生素A、铁、锌、铜等成分，有补血健脾、养肝明目的功效，可用于防治贫血、头昏、目眩、视力模糊、两目干涩、夜盲等病症，还能增强人体的免疫力、抗氧化、防衰老、抑制肿瘤细胞的产生。

no.**2** 材料准备

◆**食材**　老干妈……10克

葱花少许

卤猪肝……100克　　红椒……10克

◆**调料：** 盐3克，味精2克，生抽、辣椒油各适量

no.**3** 美食做法

1. 将切薄片的卤猪肝，切好的红椒丝放在一只碗中。

2. 再倒入老干妈，撒上少许葱花。

3. 加入少许盐、味精、生抽，拌匀。

> **POINT**　放盐时注意生抽也是有盐度的，不可放多。加入少许香油，味道会更加鲜香。

4. 淋入少许辣椒油，用筷子充分拌匀即可。

扫二维码 跟视频同做美食

芹菜拌豆腐干

烹饪时间：**2**分**30**秒
适宜对象：高血压患者

no.**1** 营养 / 功效

>> 豆腐干含有卵磷脂、钙、磷、铁等营养物质，有助于清除附在血管壁上的胆固醇，预防血管硬化，有利于高血压病患者稳定血压。

no.**2** 材料准备

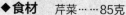

◆**食材**　芹菜……85克

　彩椒……80克

豆腐干……100克　　蒜末少许

◆**调料**：盐3克，鸡粉2克，生抽4毫升，芝麻油2毫升，陈醋5毫升，食用油适量

no.**3** 美食做法

1. 豆腐干切条，芹菜切成段，彩椒切条备用。

2. 锅中注水烧开，放入少许盐、食用油，倒入豆腐干煮沸，放入芹菜、彩椒略煮片刻。

3. 捞出焯煮好的食材，沥干水分后装入碗中，放入蒜末。

   POINT 香干和芹菜焯烫后过一遍凉水更脆嫩爽口。芹菜不易熟，可以多煮一会儿，或者切得细一些。

4. 加入鸡粉、盐、生抽、芝麻油，拌匀调味，淋入陈醋继续搅拌入味即可。

no.**4** 美味再一道

彩椒拌豆腐干

烹饪时间：**2**分钟
适宜对象：一般人群

// 做法 //

把煮熟的豆腐干、彩椒放入盘中，倒入香菜，加入蒜末，加适量盐、鸡粉、生抽、花生米、辣椒油拌匀即可。

no.5 上桌点评★★★☆☆

>> 芹菜豆干也是经典搭配，不仅炒着好吃，凉拌也别有风味，芹菜性凉，夏季可经常上桌。

家常拌鸭脖

扫一维码 跟视频同做美食

烹饪时间：**2分30秒**
适宜对象：一般人群

no.2 材料准备

◆食材

姜片……20克　　蒜末少许

鸭脖……200克　　香菜……20克　　胡萝卜……30克

◆调料：鸡粉2克，生抽、陈醋、芝麻油、辣椒油、料酒、精卤水各适量

no.1 营养 / 功效

>> 鸭肉的营养价值很高，蛋白质含量比畜肉高，脂肪、碳水化合物含量适中，且鸭肉中的化学成分似橄榄油，有降低胆固醇的作用。

no.3 美食做法

1. 香菜切小段，胡萝卜切成丝。锅中加水烧开，放入姜片和酒，再放入鸭脖煮约3分钟汆去血渍，捞出沥干装盘待用。

POINT ▶ 鸭脖加料酒和生抽腌渍后再汆水，能去腥味。

2. 另起锅，倒入精卤水煮沸，放入煮过的鸭脖、姜片卤制约15分钟，鸭脖捞出晾凉。

3. 把放凉后的鸭脖切成小块，胡萝卜丝煮约半分钟至断生；鸭脖装碗，放入蒜末、胡萝卜丝、香菜。

4. 倒入少许生抽、陈醋、鸡粉、辣椒油、芝麻油拌入味，装盘即可。

no.4 上桌点评 ★★★☆

>> 自己卤的鸭脖卤味浓郁、口感松软，拿来凉拌酸辣凉爽，端上桌人见人爱，越吃越有味儿。

麻辣粉皮

烹饪时间：**32分钟**

适宜对象：一般人群

TIPS 粉皮拌好后可多静置一会儿入味。

no.**1** 材料准备

◆原料：猪瘦肉270克，水发花生米125克，青椒25克，红椒30克，桂皮、丁香、八角、香叶、沙姜、草果、姜块、葱条各少许

◆调料：料酒6毫升，生抽12毫升，老抽5毫升，盐3克，鸡粉3克，陈醋20毫升，芝麻油8毫升，食用油适量

no.**2** 美食做法

1. 砂锅中注水烧热，倒入各配料、瘦肉，加入调料煮40分钟，捞出待用，花生米油炸待用。

2. 红椒、青椒切圈，瘦肉切厚片；将陈醋、卤水、盐、鸡粉、芝麻油、红椒、青椒拌匀腌15分钟制成味汁，淋在肉上加花生米即成。

no.**1** 材料准备

◆原料：熟粉皮300克，鸡胸肉80克，蒜末、葱花各少许

◆调料：鸡粉2克，生抽4毫升，陈醋10毫升，盐2克，白糖3克，花椒油5毫升，辣椒油5毫升

no.**2** 美食做法

1. 锅中水烧热，放入洗净的鸡胸肉，加盖烧开，用小火煮约30分钟至熟，捞出鸡放凉，切成小丁块。

2. 取一个小碗，倒入蒜末，加入鸡粉、生抽、陈醋、盐、白糖、花椒油、辣椒油拌匀，调成味汁。

3. 将熟粉皮装入盘中，放上鸡肉丁，浇上味汁，点缀上葱花即可。

老醋泡肉

烹饪时间：**3分钟**

适宜对象：一般人群

TIPS 炸花生米时不断翻动以免炸煳。

酸菜拌白肉

烹饪时间：**4**分钟
适宜对象：高血脂患者

no.**1** 营养 / 功效

>> 五花肉营养丰富，含有丰富的蛋白质、脂肪、维生素、钙等营养成分，具有补肾养血、滋阴润燥等功效，是老少皆宜的一道美食。

no.**2** 材料准备

◆**食材**

 熟五花肉……300克

 红椒……15克

酸菜……200克

 蒜末……5克

◆**调料**：鸡粉、白糖各少许，生抽3毫升，生粉、芝麻油各适量

no.**3** 美食做法

1. 红椒切成丝，酸菜切成丁，五花肉切成条，分别放入不同的盘中备用。

POINT ── 五花肉也可换成瘦肉或鸭肉，同样美味。

2. 锅中加水烧开，先后倒入酸菜、五花肉煮沸，把煮好的酸菜、五花肉捞出晾凉。

POINT ── 酸菜放入沸水中焯烫可以去杂质和多余的草酸。

3. 取大碗，倒入酸菜、五花肉，加入鸡粉、白糖、生粉、生抽、蒜末、红椒丝、芝麻油搅拌均匀，装盘即可。

no.**4** 美味再一道

蒜泥白肉

烹饪时间：**42**分钟
适宜对象：

// 做法 //

大火煮五花肉、葱条、姜片以及少许料酒至熟透。原汁浸泡20分钟后切成薄片，放在蒜泥上，浇入拌好的味汁，撒上葱花即成。

no. **5 上桌点评**★ ★ ★

>> 清爽开胃的凉拌荤菜，肥而不腻的五花肉与酸菜同食，酸香味代替了肉腥味，食肉族们夏季的福音。

>> 这道菜新嫩多汁，两种食材有不同口感的脆爽，加上胡萝卜，三种颜色摆在饭桌上缤纷好看。

扫二维码 跟视频同做美食

金针菇拌黄瓜

烹饪时间：2分30秒

适宜对象：糖尿病患者

no.**1** 营养 / 功效

>> 金针菇的锌含量比较高，而锌可参与胰岛素的合成与分泌。糖尿病患者常食，可以减轻或延缓糖尿病并发症的发生，对于高血压、高血糖、肥胖症等都有一定的食疗作用。

no.**2** 材料准备

◆**食材**　黄瓜……90克

金针菇……110克　　胡萝卜……40克

蒜末、葱花各少许

◆**调料：**盐3克，食用油2毫升，陈醋3毫升，生抽5毫升，鸡粉、辣椒油、芝麻油各适量

no.**3** 美食做法

1. 黄瓜切成丝，胡萝卜切成丝，金针菇切去根部。

2. 锅中注水烧开，放油、盐，倒入胡萝卜煮半分钟后放入金针菇，煮至食材熟透，捞出备用。

POINT 食材焯煮的时间不宜过长，以免影响成品的鲜嫩口感。

3. 将黄瓜丝倒入碗中，放盐拌匀，倒入金针菇、胡萝卜。

4. 放入少许蒜末、葱花、鸡粉、陈醋、生抽。

5. 淋入少许辣椒油、芝麻油拌匀，装盘即可。

POINT 加少许白糖会非常提味。

no.1 营养 / 功效

>> 猪腰含有蛋白质、脂肪、碳水化合物、钙、磷、铁和维生素等，有健肾补腰、和肾理气的功效。老年人常服动物肾脏，有强身抗衰的功效。

no.3 美食做法

1. 猪腰对半切开切去筋膜，切上麦穗花刀后切成片。

POINT 猪腰有很重的腥味，烹饪前可将猪腰与烧酒用10:1的比例拌匀、捏挤，再用水漂洗两三遍，最后用开水烫一遍，即可去除膻臭味。

2. 装碗加料酒、味精、盐、生粉，拌匀腌渍10分钟。

3. 腰花煮熟捞出，盛入碗中，加盐、味精、辣椒油、陈醋，最后加白糖、蒜末、葱花、青椒末、红椒末。

4. 将腰花和调料拌匀装盘即可。

no.4 上桌点评 ★★★☆

>> 每周一道动物肾脏端上桌"以脏补脏"，有强身功效，而最适合腰花的口味就是酸辣了。

扫二维码 跟视频同做美食

酸辣腰花

烹饪时间：**3**分钟
适宜对象：老年人

no.2 材料准备

◆食材

猪腰……200克

蒜末、青椒末、红椒末、葱花各少许

◆调料：盐5克，味精2克，料酒、辣椒油、陈醋、白糖、生粉各适量

no.4 上桌点评 ★★☆☆☆

>> 银耳补脾开胃、木耳益气清胃涤肠，清爽的滋味和软滑的口感，是营养美味又好看的清淡凉菜。

凉拌双耳

烹饪时间：1分钟
适宜对象：老年人

no.1 营养 / 功效

>> 银耳含有蛋白质、肝糖、钙、磷、铁、钾等营养成分，具有补脾开胃、益气清肠、滋阴润肺等功效。

no.2 材料准备

◆ **食材**
水发木耳……140克
红椒……10克
水发银耳……180克
青椒……15克
芥末酱少许

◆ **调料**：盐、鸡粉各2克，白糖少许，生抽6毫升

no.3 美食做法

1. 红椒切片，青椒切块，木耳撕成小朵，银耳切小朵，备用。

POINT ▸ 木耳最好选用温开水泡发，这样更易清除杂质。

2. 把芥末酱装入小碟中，加少许生抽，调成味汁待用。

3. 取大碗放入处理好的银耳、木耳，倒入青椒、红椒，加盐、白糖、鸡粉。

4. 淋入适量生抽，倒入调好的味汁，搅拌至食材入味装盘即成。

第五章

最营养！
滋补身体最有效的汤羹

汤羹里里外外透着暖意，借着汤匙滑入喉咙，僵硬的唇际便禁不住上抬，随即幸福的回忆悠悠漫开，末了，一声满足的叹息缓缓落地。汤羹是简单而寻常的，但就是这样的汤羹，满满都是滋补美味，你不该错过，我亦然。

家常罗宋汤

烹饪时间：**17**分**30**秒
适宜对象：孕妇

no.**1** 营养 / 功效

>> 西红柿味微酸适口，含有苹果酸和柠檬酸等有机酸，能保护所含的维生素C不被烹调所破坏，还有帮助消化、调整胃肠功能的作用。

no.**2** 材料准备

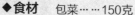

◆**食材**　包菜……150克　　胡萝卜……40克　土豆……40克　　牛肉……50克
西红柿……80克　　　　　　　洋葱……30克　　姜片、蒜末、葱花各少许

◆**调料：**盐3克，鸡粉2克，番茄酱10克，胡椒粉3克，芝麻油、食用油各适量

no.**3** 美食做法

1. 西红柿焯烫后去除表皮切小块，土豆、胡萝卜切薄片，洋葱切小块；包菜切小片；牛肉剁成肉末。

2. 热油锅放入姜片、蒜末用大火爆香，放入胡萝卜片、包菜片、洋葱片、土豆片、西红柿炒匀，注水加盖，煮至熟软，放入牛肉末煮沸。

3. 加入适量盐、鸡粉、番茄酱，撒上胡椒粉，拌匀调味，淋入芝麻油拌匀，装碗放葱花即可。

POINT　汤煮沸后可以放些包菜，脆嫩好吃又营养。番茄酱不要放太多，以免掩盖食材本身的味道。

no.**4** 美味再一道

简易罗宋汤

烹饪时间：**20**分钟
适宜对象：一般人群

//做法//

牛肉丁煮至变色后炒香，加备好的高汤同煮胡萝卜、洋葱、包菜、土豆。加盐、鸡粉、胡椒粉、芝麻油、番茄酱拌煮入味即可。

no.5 上桌点评★★★★☆

>> 西红柿的酸、胡萝卜的甜，加上牛肉飘香，这就是肥而不腻、鲜滑爽口的罗宋汤。

枸杞木耳乌鸡汤

烹饪时间：**120分钟**
适宜对象：一般人群

no.1 营养 / 功效

>> 木耳含有B族维生素、多糖胶体、矿物质等成分，具有增强免疫力、清理肠道、开胃消食等功效。

no.2 材料准备

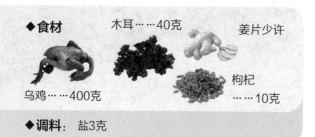

◆食材
木耳……40克
姜片少许
乌鸡……400克
枸杞……10克

◆调料：盐3克

no.3 美食做法

1. 锅中注入清水大火烧开，倒入备好的乌鸡，搅拌氽去血沫，捞出，沥干水分待用。

2. 砂锅中注入适量的清水，大火烧热，倒入乌鸡、木耳、枸杞、姜片搅拌匀。

3. 盖上锅盖，煮开后转小火煮两小时至熟透。

4. 掀开锅盖，加入少许盐，搅拌片刻，将煮好的鸡肉和汤盛出装入碗中即可。

no.4 上桌点评 ★★★★☆

>> 枸杞木耳乌鸡汤是一道汉族药膳，有益精明目的作用，材料虽简，功效却不容小觑。

海鲜豆腐汤

烹饪时间：**4**分钟
适宜对象：一般人群

TIPS 鱿鱼要煮透，否则会引起肠胃不适。

no.**1** 材料准备

◆原料：豆腐250克，去皮丝瓜80克，姜丝、葱花各少许
◆调料：盐、鸡粉各1克，陈醋5毫升，芝麻油、老抽各少许

no.**2** 美食做法

1. 丝瓜切厚片，豆腐切成块，沸水锅中倒入备好的姜丝；放入切好的豆腐块，倒入切好的丝瓜，稍煮片刻至沸腾。

2. 加入盐、鸡粉、老抽、陈醋，将材料拌匀，煮约6分钟至熟透。

3. 关火后盛出煮好的汤，装入碗中，撒上葱花，淋入芝麻油即可。

no.**1** 材料准备

◆原料：虾仁100克，鱿鱼200克，豆腐300克，生菜叶、芹菜段、姜片、葱花各少许
◆调料：盐3克，胡椒粉、料酒、味精、鸡粉各少许

no.**2** 美食做法

1. 鱿鱼打十字花刀再切片，虾仁从背部切开，豆腐切块，生菜叶备用。

2. 虾仁、鱿鱼加适量料酒、盐腌渍片刻后氽烫，沥水备用；油锅下入姜片爆香，倒水烧开后放入豆腐块。

3. 烧开后调入盐、味精、鸡粉，倒入虾仁、鱿鱼煮约1分钟，放入芹菜、生菜、葱花略煮，撒入胡椒粉，煮一会至入味即成。

丝瓜豆腐汤

烹饪时间：**8**分钟
适宜对象：女性

TIPS 豆腐用淡盐水浸泡煮制，可除豆腥味。

扫二维码 跟视频同做美食

西红柿紫菜蛋花汤

烹饪时间：**2**分钟
适宜对象：高血压病者

no.**1** 营养 / 功效

>> 紫菜营养丰富，其蛋白质含量超过海带，并含有较多的胡萝卜素和核黄素，可显著降低血清胆固醇的含量，从而起到降血压的作用。

no.**2** 材料准备

◆**食材**　西红柿……100克　　　水发紫菜……50克

鸡蛋……1个　　　　　　　葱花少许

◆**调料**：盐2克，鸡粉2克，胡椒粉、食用油各适量

no.**3** 美食做法

1. 西红柿切成小块；鸡蛋打入碗中，用筷子打散搅匀，用油起锅，倒入西红柿，翻炒片刻。

2. 加入适量清水煮至沸腾，盖上盖，用中火煮1分钟后放入洗净的紫菜，搅拌均匀。

3. 加入适量鸡粉、盐、胡椒粉搅匀调味，倒入蛋液搅散，搅动至浮起蛋花，装入碗中，撒上葱花即可。

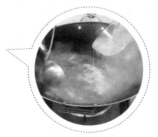

POINT　煮蛋花宜用小火，这样煮出来的蛋花才美观。

no.**4** 美味再一道

紫菜蛋花汤

烹饪时间：**3**分钟
适宜对象：一般人群

// 做法 //

锅中倒入适量清水，放少许食用油，煮沸后加盐、鸡粉调味，倒入洗好的紫菜，煮至熟透。倒入蛋液搅散成蛋花，加葱拌匀即成。

no. **5** 上桌点评 ★★★☆☆

>> 酸甜的西红柿融化在汤里酝酿出浓稠的口感，可爱的蛋花点缀在红汤中，既营养又美味。

灵芝莲子清鸡汤

烹饪时间：**48**分钟
适宜对象：一般人群

^{no.}**1** 材料准备

◆原料：鸡肉块300克，水发莲子35克，灵芝、陈皮各适量
◆调料：盐2克

^{no.}**2** 美食做法

1. 锅中注水烧开，放入鸡肉块汆煮，撇去浮沫，捞出沥水装盘待用。

2. 砂锅中注水烧开，倒入鸡肉、莲子、灵芝、陈皮，淋入料酒。

3. 盖上砂锅盖，大火煮开转小火煮约45分钟至熟。

4. 揭开砂锅盖，加盐稍稍搅拌，关火后盛出装碗即可。

TIPS 莲子要提前浸泡，可节省煮制时间。

^{no.}**1** 材料准备

◆原料：水发莲子80克，无花果4枚，水发芡实95克，水发薏米110克，去皮胡萝卜130克，莲藕200克，排骨250克，百合60克，姜片少许
◆调料：盐1克

^{no.}**2** 美食做法

1. 胡萝卜、莲藕切块，入切好的排骨汆煮去除血水及脏污，捞出待用。

2. 排骨、莲藕块、胡萝卜块、泡好的薏米、百合、姜片、泡好的莲子、芡实、无花果倒入砂锅拌匀。

3. 加盖，大火煮开后转小火续煮2小时入味，加盐调味，装碗即可。

清润八宝汤

烹饪时间：**122**分钟
适宜对象：一般人群

TIPS 清水一次加足，中途添水会冲淡鲜味。

no.**4** 上桌点评 ★★★☆

>> 乌鸡和墨鱼历来就是绝配，加上当归，能够益血补肾、健胃理气，不仅滋补，味道也非常鲜美，尤其适合男性。

当归乌鸡墨鱼汤

烹饪时间：**62分钟**
适宜对象：男性

no.**1** 营养 / 功效

>> 黄精含有黏液质、淀粉、糖类、天门冬氨酸、高丝氨酸、二氨基丁酸及毛地黄糖苷等成分，有补气养阴、补精益肾的功效，比较适合体倦乏力、口干食少、精血不足等病症患者服用。

no.**2** 材料准备

◆**食材**
墨鱼块……200克
当归……15克
乌鸡块……350克
鸡血藤、黄精……20克
姜片、葱条各少许

◆**调料**：盐3克，鸡粉2克，料酒14毫升

no.**3** 美食做法

1. 锅中水烧开放入墨鱼块、乌鸡块，淋入料酒煮沸，汆去血渍，捞出沥水待用。

2. 砂锅中注水烧开，放入鸡血藤、黄精、当归，撒入备好的姜片。

3. 倒入汆过水的材料，撒上葱条，淋入适量料酒提味，加盖烧开后用小火煲煮至熟透。

4. 揭盖，拣去葱条，加入盐、鸡粉，撒上胡椒粉调味，用中火熬煮一会儿，至汤汁入味，装碗即成。

POINT 葱条也可在煲煮的中途拣出，这样能避免葱叶煮烂，导致汤品的杂质过多。

海带排骨汤

烹饪时间：**92**分钟
适宜对象：一般人群

no.2 材料准备

◆ 食材

排骨段……450克

泡发海带片……250克

姜片……25克

◆ 调料：盐4克，料酒、味精、胡椒粉、鸡粉各少许

no.1 营养 / 功效

>> 海带含有丰富钙、钠、镁、钾、磷、硫、铁、锌等营养成分。此外，海带还含有大量的碘，可以改善内分泌失调，还能消除乳腺增生的隐患。

no.3 美食做法

1. 锅中注水，大火煮沸后倒入排骨段，加盖中火煮至沸。

2. 揭盖捞去浮沫，放入姜片，淋料酒提鲜，随即放海带，加盖大火煮沸。

3. 关火，将材料移至砂煲内，置于火上盖上盖用中小火炖煮。

4. 揭盖，加盐、味精、鸡粉、胡椒粉调味，关火取下砂煲即成。

POINT 想要更好地健体补钙，排骨汤最好少放或者不放盐。

no.4 上桌点评 ★★★☆

>> 从小喝到大的家常汤，带着家的味道。海带滑烂味美，排骨汤鲜，易做又美味，实属补钙佳品。

莲藕海带汤

烹饪时间：**27分钟**
适宜对象：一般人群

no.**1** 材料准备

◆**原料：** 莲藕160克，水发海带丝90克，姜片、葱段各少许
◆**调料：** 盐、鸡粉各2克，胡椒粉适量

no.**2** 美食做法

1. 莲藕切厚片备用，砂锅中注水烧热，倒入洗净的海带丝。

2. 放入藕片，撒上备好的姜片、葱段，搅散。

3. 盖上盖，烧开后用小火煮约25分钟，至食材熟透。

4. 揭盖，加入少许盐、鸡粉，撒上适量胡椒粉，拌匀调味。

TIPS 胡椒粉不宜加太多，以免影响汤汁的味道。

---

no.**1** 材料准备

◆**原料：** 水发黄豆80克，水发黑豆80克，水发绿豆80克，水发红豆70克，水发眉豆90克，蜜枣5克，陈皮1片，冰糖30克

no.**2** 美食做法

1. 砂锅中水，倒入黑豆、红豆、黄豆、眉豆、绿豆、蜜枣、陈皮。

2. 加盖，大火煮开转小火煮2小时至食材熟软后，加入冰糖。

3. 续煮10分钟至冰糖溶化，稍搅至入味。

4. 关火后盛出煮好的汤，装入碗中即可。

五色杂豆汤

烹饪时间：**132分钟**
适宜对象：一般人群

TIPS 豆子提前浸泡几个小时以上更易煮。

银耳白果无花果瘦肉汤

烹饪时间：**182**分钟
适宜对象：一般人群

no.**1** 营养 / 功效

>> 瘦肉具有增强免疫力、补肾养血、滋阴润燥等功效。银耳滋阴润肺，益气安神。无花果可以降血脂、通便、利咽消肿。

no.**2** 材料准备

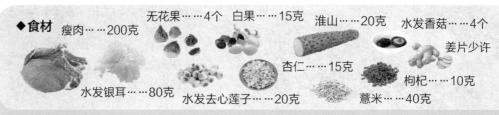

◆**食材**　瘦肉……200克　无花果……4个　白果……15克　淮山……20克　水发香菇……4个　姜片少许
水发银耳……80克　水发去心莲子……20克　杏仁……15克　薏米……40克　枸杞……10克

◆**调料**：盐2克

no.**3** 美食做法

1. 瘦肉切大块，锅中注水烧开，倒入瘦肉汆煮片刻，捞出待用。

POINT 　瘦肉提前用水汆煮片刻可去除血水和污渍，减少汤的杂质。

2. 砂锅中注入适量清水，倒入瘦肉、银耳、白果、无花果、香菇、薏米、杏仁、姜片、淮山、莲子、枸杞，拌匀。

3. 加盖，大火煮开转小火煮3小时至析出有效成分，揭盖，加盐搅拌片刻至入味，盛出装碗即可。

no.**4** 美味再一道

海马无花果瘦肉汤

烹饪时间：**182**分钟
适宜对象：一般人群

// 做法 //

汆煮好的瘦肉，沥干水分倒入姜片、红枣、枸杞、海马、淮山、无花果，大火煮开转小火煮3小时至食材熟软，加盐盛出即可。

no.5 上桌点评 ★★★★☆

>> 银耳历来被称作"菌中之冠"，滋补的珍品。和瘦肉熬煮，一口进去，舌尖顿感清润无比，甘甜醇美，丝滑般的滋润享受。

no.4 上桌点评 ★★★★☆

>> 黄豆的黄，马蹄的白，色泽清爽，清甜可口。加上甘寒不腻的鸭肉，简单的养生靓汤，绝不简单的营养和滋补。

黄豆马蹄鸭肉汤

烹饪时间: **41**分钟
适宜对象: 高血压患者

no.1 营养 / 功效

>> 鸭肉含有B族维生素、维生素E，其所含的脂肪酸主要是不饱和脂肪酸，易于消化，有降低胆固醇的作用，有利于稳定血压，比较适合高血压病患者食用。

no.2 材料准备

◆食材
马蹄……110克
姜片……20克
鸭肉……500克　水发黄豆……120克

◆调料：料酒20毫升，盐2克，鸡粉2克

no.3 美食做法

1. 马蹄切成小块，锅中注水烧开放入洗净的鸭块。

2. 加入适量料酒拌匀，煮沸，汆去血水，捞出沥水待用。

3. 砂锅中注水烧开，倒入黄豆、切好的马蹄、汆过水的鸭块，撒上姜片。

POINT 鸭肉性凉，炖汤时可以根据个人身体状况决定是否放些姜片驱寒。

4. 淋入适量料酒，加盖烧开后小火炖40分钟至食材熟透，揭盖，加盐、鸡粉调味，关火后盛出煮好的汤料，装碗即可。

no.1 营养 / 功效

>> 海带含有蛋白质、碘、抗氧化物等营养物质，具有降血脂、降血糖、调节免疫、抗凝血、抗肿瘤、排铅解毒、抗氧化等功效。

no.3 美食做法

1. 洗净的冬瓜切块，泡好的海带切块。

POINT ▸ 冬瓜皮具有较高的营养价值，最好带皮一起煮。

2. 砂锅注水烧开，倒入切好的冬瓜、切好的海带、泡好的绿豆、姜片拌匀。

3. 加盖，用大火煮开后转小火续煮2小时至熟软，揭盖，加盐拌匀调味。

POINT ▸ 可依个人喜好，不放盐，改放白糖。

4. 关火后盛出煮好的汤，装碗即可。

no.4 上桌点评 ★★★☆☆

>> 青翠欲滴，看之胃口大开；清爽润泽，食之爱不释口。绿豆冬瓜海带汤，给你色觉和味觉的双重美妙享受。

扫二维码 跟视频同做美食

绿豆冬瓜海带汤

烹饪时间：**122**分钟
适宜对象：一般人群

no.2 材料准备

◆食材
水发海带……150克
水发绿豆……180克
冬瓜……350克
姜片少许

◆调料：盐2克

扫二维码 跟视频同做美食

玉米排骨汤

烹饪时间：**60**分钟

适宜对象：一般人群

no.**1** 营养 / 功效

>> 玉米含有亚油酸、蛋白质、矿物质、维生素、叶黄素等成分，具有增强免疫、美容护肤、加速新陈代谢等功效。

no.**3** 美食做法

1. 锅中注水大火烧热，倒入备好的排骨，淋入少许料酒，氽煮去血水，捞出沥水。

2. 锅中注水大火烧开，倒入玉米、排骨、姜片、葱段搅拌片刻。

POINT 处理玉米的时候，玉米须最好不要丢掉，一起煮汤。

3. 盖上锅盖，烧开后转小火煮1个小时使其熟透。

4. 掀开锅盖加盐，搅拌使食材入味，关火盛出装碗，撒上葱花即可。

no.**2** 材料准备

◆食材

排骨……200克

玉米段……200克

姜片、葱花、葱段各少许

◆调料：料酒8毫升，盐2克

no.**4** 排骨清洗刀工详解

排骨的清洗与刀工

>> 猪排骨适宜用淘米水来清洗，经过常见的切段处理后，便于烹饪入味，食用方便。

// 清洗做法 //

① 把猪排骨放在盆里，加入淘米水，浸泡15分钟左右。

② 将排骨清洗干净。

③ 排骨放进锅里的沸水中氽烫一下，捞出沥水即可。

// 刀工做法 //

① 取氽烫过的猪排骨，从一端开始切小段。

② 将猪排骨依次切成均匀的小段。

③ 将切好的小段放在一起装盘即可。

no.**5** 上桌点评★★★★☆

>> 闻其名，亲切；看其色，心动；尝其味，舒心。最寻常的家常汤，最熟悉的味道，始终让人觉得暖暖的，很窝心。

夏枯草黑豆汤

烹饪时间：**90**分钟

适宜对象：一般人群

no.*2* 材料准备

◆食材

夏枯草……40克

水发黑豆……300克

冰糖……30克

no.*1* 营养 / 功效

>> 黑豆含有蛋白质、花青素、维生素E、氨基酸、钙等成分，具有美容养颜、补肾益气、利尿排水等功效。

no.*3* 美食做法

1. 砂锅中注水大火烧开，倒入备好的黑豆、夏枯草搅拌片刻。

2. 加盖，煮开后转小火煮1个小时析出成分。

3. 掀盖，倒入备好的冰糖续煮30分钟使其入味。

4. 掀开锅盖，持续搅拌片刻，将煮的汤盛出装碗即可饮用。

no.*4* 上桌点评 ★★★☆☆

>> 夏枯草明目清肝，活血解毒，熬夜之后来一碗，通体舒爽不已，眉目清明立显。此外，还很适合女性美容养颜。

>> 黄芪，"补气诸药之最"；猴头菇，利五脏，补虚脱。两者结合，阴阳两调，温和滋养，让你不得不爱。

黄芪猴头菇鸡汤

扫一维码　跟视频同做美食

烹饪时间：**61**分钟
适宜对象：一般人群

no.**1** 营养／功效

>> 猴头菇是一种高蛋白、低脂肪、富含矿物质和维生素的优良食品，不仅能提高机体免疫力，延缓衰老，还能降低胆固醇含量，调节血脂。

no.**2** 材料准备

◆**食材**
黄芪……10克
姜片、葱花各少许
鸡肉块……600克
水发猴头菇……60克

◆**调料**：料酒20毫升，盐3克，鸡粉2克

no.**3** 美食做法

1. 猴头菇切块备用，锅中注水烧开，倒入洗净的鸡肉块，淋入料酒煮沸，氽去血水。

POINT ▶ 猴头菇最好用冷水泡发，以免营养流失在水中。

2. 捞出氽煮好的鸡块沥水备用，砂锅中注水烧开，倒入氽过水的鸡肉块，放入洗净的黄芪、姜片、猴头菇。

3. 淋入少许料酒拌匀，加盖烧开后用小火炖1小时至食材熟透。

4. 揭盖加盐、鸡粉略煮片刻入味，盛碗，撒上葱花即可。

POINT ▶ 盐不要早放，否则鸡肉中的营养难以释放在汤中。

扫二维码 跟视频同做美食

苦瓜甘蔗枇杷汤

烹饪时间：**46**分钟

适宜对象：一般人群

no.**1** 营养 / 功效

>> 枇杷叶含有皂苷、苦杏仁苷、乌索酸、鞣质、维生素C等有效成分，其性微寒，味苦，具有清热、润肺、止咳化痰等功效。

no.**2** 材料准备

◆**食材** 鸡骨……350克　甘蔗……100克　枇杷叶……5克

苦瓜……200克　姜片……20克

◆**调料**：料酒20毫升，盐3克，鸡粉3克

no.**3** 美食做法

1. 苦瓜切成丁，锅中注水烧开，倒入洗净的鸡骨，淋入料酒煮沸，汆去血水，捞出沥水备用。

2. 砂锅中注入适量清水烧开，倒入甘蔗，放入洗净的枇杷叶、姜片、鸡骨，淋入少许料酒。

POINT 枇杷叶不去毛会刺激口腔喉咙，引起咳嗽和呕吐，料理前用刷子刷一下。

3. 加盖烧开后用小火煮40分钟至食材熟透，倒入苦瓜丁，用小火再煮15分钟至苦瓜熟透。

4. 放入少许盐、鸡粉拌匀略煮片刻入味，关火后盛出煮好的汤料，装入碗中即可。

no.**4** 美味再一道

川贝枇杷汤

烹饪时间：**23**分钟

适宜对象：一般人群

// 做法 //

雪梨，枇杷去核，切成小块，倒入锅中用小火煮20分钟至食材熟透，倒少许白糖搅拌均匀装碗即可。

no.5 上桌点评★★★★☆

>> 枇杷向来是治咳嗽、止呕吐的良药，配
上营养滋补的鸡汤，实在是感冒者的至佳选
择。感冒难受了，赶紧煮上一锅。

no.4 上桌点评 ★★★☆☆

>> 老少皆宜的养生靓汤。一家人围坐一桌喝着汤，眉眼带着笑，唇齿含着靓汤，其乐融融，怎一个"暖"字了得？

扫二维码 / 跟视频同做美食

党参猪肚汤

烹饪时间：61分钟
适宜对象：一般人群

no.1 营养 / 功效

>> 猪肚含有蛋白质、脂肪、维生素A、维生素E、钙、钾、镁、铁等营养成分，有补虚损、健脾胃的功效，非常适合胃寒、消化不良者食用。

no.2 材料准备

◆食材　淮山……30克　党参……15克
猪肚块……400克　姜片……20克　红枣……15克

◆调料：盐2克，鸡粉、胡椒粉各少许，料酒12毫升

no.3 美食做法

1. 锅中注水烧开，倒入猪肚块，加入少许料酒，拌煮一会儿汆去血渍，捞出沥水待用。

POINT ▶ 汆煮猪肚时可以加入少许白醋，进一步除其腥味。

2. 砂锅中注水烧开，倒入猪肚块，放入姜片、淮山、党参、红枣，淋少许料酒提味。

3. 加盖烧开后用小火煮约60分钟至食材熟透。

4. 揭盖加入少许鸡粉、盐、胡椒粉拌匀，再转中火续煮至汤汁入味。盛出装入碗中即成。

太子参百合牛蛙汤

烹饪时间：**63**分钟
适宜对象：一般人群

no.1 营养／功效

>> 牛蛙含有蛋白质、维生素E、钙、磷、锌、硒等营养成分，具有增强免疫力、润泽肌肤、健脾胃等功效。

no.2 材料准备

◆食材
百合……10克　太子参……3克
牛蛙……250克　瘦肉……200克　姜片、葱段各少许

◆调料：盐2克，鸡粉2克，生抽4毫升，料酒10毫升

no.3 美食做法

1. 锅中注水烧开倒入切好的牛蛙略煮片刻，淋入料酒氽去血水，撇去浮沫，沥水待用。

POINT 牛蛙体内可能有寄生虫，最好多氽煮一会儿。

2. 锅中注水烧热，倒入切好的瘦肉，淋入少许料酒略煮，捞出沥水。

3. 砂锅中注水，用大火烧热，倒入备好的太子参、百合、姜片、葱段，放入瘦肉、牛蛙，淋入少许料酒搅匀。

4. 加盖烧开，转小火煮1小时食材熟透，加入少许盐、生抽、鸡粉入味。关火后将煮好的汤料盛出，装碗即可。

no.4 上桌点评 ★★★★☆

>> 送入喉咙，口感清润甘甜，心清神安，全身上下紧绷的神经也随之一一舒展开来，说不出的轻松安定。

榴莲煲鸡汤

烹饪时间：42分钟
适宜对象：孕妇

no.1 营养 / 功效

>> 榴莲果实号称"热带水果之王"，有滋养强身、健脾补气的作用，是孕妇良好的营养来源，孕妇可用它来补养身体。

no.2 材料准备

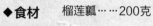

◆食材　榴莲瓤……200克　　　光鸡……350克

榴莲肉
……100克

姜片少许

◆调料：盐2克，鸡粉2克，料酒5毫升

no.3 美食做法

1. 把榴莲瓤、榴莲肉、鸡肉切成小块。砂锅中注水用大火烧开，放入鸡块、少许姜片、淋入适量料酒煮沸。

POINT 要是一整只鸡，最好不要斩，把一部分榴莲瓤、榴莲和姜塞进鸡的肚中，口感更佳。

2. 倒入榴莲瓤加盖用小火煲30分钟至食材熟透，撇去汤中浮沫。

3. 放入榴莲肉继续用小火煲10分钟至食材熟烂，放入适量盐、鸡粉盛出装碗即成。

no.4 美味再一道

榴莲壳排骨汤

烹饪时间：62分钟
适宜对象：一般人群

// 做法 //

榴莲壳取白色部分切成小块，排骨加料酒汆煮，将两材料加料酒用大火煮开后转小火续煮2小时，加盐、鸡粉，撒上葱丝即可。

no.5 上桌点评★★★★★

>> 单闻榴莲之名，便可知此汤之补，增之
鸡汤，鲜美清润，养生之大补！色香味俱
全，更是滋补的聪明选择。

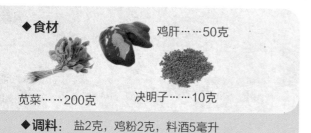

决明鸡肝苋菜汤

烹饪时间：**32分钟**

适宜对象：一般人群

no.**2** 材料准备

◆食材

鸡肝……50克

苋菜……200克

决明子……10克

◆调料：盐2克，鸡粉2克，料酒5毫升

no.**1** 营养 / 功效

>> 苋菜含有赖氨酸、胡萝卜素、B族维生素、维生素C、铁、钙、磷等营养成分，具有清热解毒、利尿除湿、降血压等功效。

no.**3** 美食做法

1. 锅中注水烧开，倒入切好片的鸡肝，淋入少许料酒略煮，汆去血水，捞出沥水待用。

2. 砂锅注入水烧热，倒入洗好的决明子，加盖烧开后转中火煮30分钟至其析出有效成分。

3. 将药材捞出，倒入备好的苋菜煮软，放入鸡肝略煮。

POINT 苋菜不要放得过早，以免煮太久，破坏其营养。最好用红苋菜入汤，红苋菜营养比白苋菜丰富，多吃可以补气血、调中气。

4. 加入少许盐、鸡粉，搅拌均匀至食材入味盛碗即可。

no.**4** 上桌点评 ★★★★☆

>> 体内冒烟？浑身燥火，烦闷难受？别犹豫，立马试试这道汤，为身心降火，为体内清毒。

>> 甘糯甘糯的板栗，滋补的龙骨，配上清甜的玉米和胡萝卜，想不到的美味和营养，分分钟滋补。

板栗龙骨汤

烹饪时间：92分钟
适宜对象：一般人群

no.**1** 营养 / 功效

>> 板栗含有蛋白质、脂肪、碳水化合物、膳食纤维、胡萝卜素、钙、磷、铁及维生素A等营养成分，具有益气补血、抗衰老、厚补肠胃等功效，和龙骨一起熬汤食用，其滋补效果更佳。

no.**2** 材料准备

◆**食材**
板栗……100克
胡萝卜块……100克
龙骨块……400克
玉米段……100克
姜片……7克

◆**调料**：料酒10毫升，盐4克

no.**3** 美食做法

1. 砂锅注水烧开，倒入龙骨块，加料酒、姜片拌匀。

2. 加盖大火烧片刻，撇去浮沫，倒入玉米段小火煮1小时至析出有效成分。

3. 加入洗好的板栗，拌匀，小火续煮15分钟。

4. 倒入胡萝卜块，小火续煮15分钟至食材熟透，加盐盛出装碗即可。

家常鱼头豆腐汤

烹饪时间：**80**分钟
适宜对象：一般人群

>> 鱼头含有蛋白质、不饱和脂肪酸、钙、磷、铁、B族维生素等营养成分，有暖胃平肝、促进血液循环、稳定血压等功效。

no. **2** 材料准备

◆食材　豆腐块……300克　香菇块……10克

鱼头……250克　冬笋块……20克　葱段、姜片各少许，高汤适量

◆调料：盐2克，鸡粉2克，胡椒粉、食用油各适量

no. **3** 美食做法

1. 锅中注入清水烧开，倒入豆腐、冬笋、香菇拌匀，煮5分钟，捞出放盘中备用。

2. 锅内倒入油烧热，放入姜片爆香，放入鱼头煎至鱼头两面呈现金黄色，往锅内倒入备好的高汤，煮至沸。

POINT　将鱼煎过再煮汤，鱼汤才会浓白，喝起来味道浓郁。

4. 将锅内的鱼头汤倒入准备好的砂锅中，盖上锅盖调至大火，待其煮沸后调至小火煮25分钟。

5. 揭盖，倒入豆腐、冬笋、香菇，放入盐、鸡粉、胡椒粉搅匀入味，煮沸后加葱段盛盘即可。

no. **4** 上桌点评 ★★★★★

>> 雪白的鱼头汤，嫩滑的豆腐，简单几步就做成了味道鲜美的营养汤，不仅暖身健脑，还有润泽皮肤的功效。

第六章

吃不厌！
匠心巧厨娘的花样主食

有时候一份匠心独具的主食，可以不需要任何
菜品，只一份就满足所有需求，简单易做好
学，时不时做一顿这样的美味，捧着手里就是
幸福的味道。对巧厨娘来说，做得了一手花样
主食，就能抓得住全家的胃。

皮蛋瘦肉粥

烹饪时间：**175**分钟
适宜对象：产妇

no.**1** 材料准备

◆原料：瘦肉30克，大米50克，皮蛋1个，姜末、葱花各少许
◆调料：盐6克，鸡粉4克

no.**2** 美食做法

1. 瘦肉剁成肉末，皮蛋去壳切成丁；大米盛入内锅中，加清水，盖上陶瓷盖，放入加好水的隔水炖盅，盖上盅盖，选择"婴儿粥"功能，炖制时间设为2.5小时。

2. 肉末加盐、鸡粉、清水拌匀，白粥炖好，加入肉末、皮蛋、姜末拌匀。

3. 盖上盖再炖20分钟后加入盐、鸡粉拌匀调味，撒上葱花，取出炖盅即成。

TIPS 肉末加生粉拌匀后再煮制更加嫩滑。

no.**1** 材料准备

◆原料：熟圆面220克，茴香20克，瘦肉80克，蒜末少许
◆调料：老干妈辣椒酱40克，盐2克，鸡粉2克，生抽5毫升，水淀粉4毫升，料酒5毫升，白胡椒粉、食用油各适量

no.**2** 美食做法

1. 茴香切小段，瘦肉切丝装碗，加入盐、白胡椒粉、生抽、料酒、水淀粉搅匀，淋食用油腌渍10分钟。

2. 油锅烧热，倒肉丝炒至转色，加蒜末、老干妈辣椒酱，翻炒出香味。

3. 倒入熟圆面翻炒均匀，加入茴香、少许盐、鸡粉，炒匀调味，将炒的面盛出装入盘中即可。

香辣炒面

烹饪时间：**2**分**30**秒
适宜对象：一般人群

TIPS 辣椒酱可以多煎一会儿，味道更香。

>> 蛋包饭源于日本,同时在韩国、台湾也广受欢迎。而浓香的腊味蛋包饭让原本平淡的蛋包饭增添了另一番风味。

扫二维码 跟视频同做美食

腊味蛋包饭

烹饪时间:**4**分钟
适宜对象:一般人群

no.**1** 营养/功效

>> 胡萝卜含有碳水化合物、叶酸、膳食纤维、蛋白质、脂肪、胡萝卜素、维生素A和维生素B$_6$等营养成分,具有防癌抗癌、延缓衰老等保健作用。

no.**2** 材料准备

◆**食材**
洋葱……90克　腊肠……70克
米饭……260克
胡萝卜……90克　鸡蛋……2个

◆**调料**:盐2克,鸡粉2克,生抽4毫升,水淀粉3毫升,食用油适量

no.**3** 美食做法

1. 将腊肠、洋葱、胡萝卜切丁;把鸡蛋打入碗中,搅成蛋液加水淀粉,搅匀待用。

2. 用油起锅,倒入蛋液,摊均匀,煎成型,翻面,煎至熟焦黄色,铺在盘底。

POINT ▶ 摊蛋皮一定要用平底锅才能摊得薄厚一致。

3. 另用油起锅,放入胡萝卜略炒,加入腊肠炒匀,放入洋葱炒香;倒入米饭炒松散;放生抽、盐、鸡粉炒匀调味。

4. 盛出适量炒好的腊味饭,放在盘中蛋皮中央,用蛋皮包裹好腊味饭,装盘食用时沿对角线划开即可。

扫二维码 跟视频同做美食

扬州炒饭

烹饪时间：**2**分钟
适宜对象：女性

no.**1** 营养 / 功效

>> 鸡蛋含有人体必需的8种氨基酸。蛋黄含有丰富营养，可促进幼儿大脑的发育、智力的健全，缓解成人大脑疲劳，可以经常食用。

no.**2** 材料准备

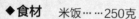

◆**食材**　米饭……250克

金华火腿……50克

　鸡蛋……1个

　虾仁……50克

　葱花少许

◆**调料**：盐、鸡粉、水淀粉、食用油各适量

no.**3** 美食做法

1. 金华火腿切成粒，虾仁切成丁，鸡蛋打入碗中搅散备用；虾仁丁放入碗中，加入少许盐、鸡粉，再淋入少许水淀粉，注入少许食用油，腌渍5分钟。

2. 锅中注水大火烧开，火腿煮约半分钟捞出备用；虾仁丁煮约半分钟捞出备用；油锅烧热，用中小火炒蛋液至熟，盛碗备用。

POINT　虾仁汆水的时间不宜太长，以免影响口感。

3. 另起油锅，先后倒入火腿粒、虾仁拌炒匀，倒入米饭炒至松散，转小火炒至颗粒状，倒入炒好的鸡蛋炒匀，加入盐、鸡粉，撒上葱花即可。

no.**4** 美味再一道

老干妈炒饭

烹饪时间：**3**分钟
适宜对象：一般人群

//做法//

玉米粒煮断生沥干水待用，米饭淋上蛋液，撒上十三香搅拌均匀，放入老干妈辣椒酱及熟玉米炒匀；加盐、鸡粉，炒匀调味即可。

no.5 上桌点评★★★★

>> 是最有名的淮扬菜之一，在全国各地大大小小的餐厅中，甚至在世界各地的唐人街，都有它的身影，实为吃不厌的美食。

湘味蛋炒饭

烹饪时间：**3**分钟
适宜对象：一般人群

no.**1** 营养 / 功效

>> 腊肉富含钙、磷、铁、钾、钠、蛋白质、胆固醇等营养元素，营养丰富、味道醇香、肥而不腻，具有开胃祛寒、健胃消食等功效。

no.**2** 材料准备

◆**食材**
 米饭……300克
 腊肉……100克
 鸡蛋……1个
 剁椒……30克
 葱花少许

◆**调料**：盐、鸡粉各2克，食用油适量

no.**3** 美食做法

1. 腊肉切成粒，将鸡蛋打入碗中搅散备用。

2. 锅中加水烧开，放入腊肉煮约2分钟至熟，捞出备用。

POINT 嫌腊肉太咸的话可以事先泡一段时间去去咸味。在烹饪过程中盐要少放，以免太咸。

3. 用油起锅，倒入蛋液炒熟备用，倒入腊肉翻炒香，放入米饭翻炒，拍松散，倒入鸡蛋、剁椒，炒约1分钟至米饭呈颗粒状。

4. 加适量鸡粉、盐，炒匀调味，撒入少许葱花，翻炒均匀，装盘即可。

no.**4** 美味再一道

黄金炒饭

烹饪时间：**5**分钟
适宜对象：糖尿病者

// 做法 //

洋葱、黄瓜、胡萝卜切丁炒熟待用，鸡蛋黄打散倒入米饭搅拌均匀后与洋葱炒熟，加入调料，放入黄瓜和胡萝卜翻炒入味即可。

no.5 上桌点评★★★★☆

>> 人人都爱的蛋炒饭，加入湘味儿浓重的腊肉丁，顿时浓香四溢，一道营养搭配均衡的主食。

扫二维码 跟视频同做美食

馄饨面

烹饪时间：**8分30秒**
适宜对象：一般人群

no.2 材料准备

◆ **食材**　馄饨皮……80克　　芹菜、红葱头各少许

面条……180克　　肉馅……85克　　高汤……180毫升

◆ **调料**：盐、鸡粉各2克，胡椒粉少许

no.1 营养 / 功效

>> 面条易于消化吸收，含有蛋白质、碳水化合物、镁、锌、磷等营养成分，具有改善贫血、增强免疫力、促进营养吸收等功效。

no.3 美食做法

1. 红葱头切碎末，芹菜切细末，取馄炖皮盛入适量肉馅对折，收口捏紧制成馄饨生坯待用。

2. 油起锅，倒入切好的红葱头，用大火快炒至熟软，盛出待用。

 POINT　红葱头用油炸熟口感会更鲜脆。

3. 面条大火煮约3分钟至熟软，待用；沸水锅中放入馄饨生坯用中火煮约4分钟至熟透；关火后盛出放在面条上。

POINT　碱水面煮熟后比一般的挂面更劲道更好吃。

4. 另起锅注入高汤，大火加热，加入少许盐、鸡粉，适量胡椒粉拌匀，沸腾后撒上芹菜末煮断生；盛出浇在馄饨上，最后撒上炒好的红葱头即成。

no.4 上桌点评 ★★★★☆

>> 热乎乎的馄饨入嘴柔滑，鲜美的汤汁，劲道的面条，还有什么比这样的组合更让人食欲大开呢？

家常炸酱面

烹饪时间：6.5分钟
适宜对象：一般人群

TIPS 撒上少许香菜，食用时味道更佳。

no.1 材料准备

◆ 原料：水发大米100克，紫薯75克

no.2 美食做法

1. 洗净去皮的紫薯切片，再切条，改切成小丁块备用。

2. 砂锅中注入适量清水烧开，倒入洗净的大米拌匀，加盖，烧开后用小火煮约30分钟。

3. 揭盖，倒入切好的紫薯搅拌匀，再盖上盖，用小火续煮约15分钟至熟透。

4. 揭开盖，搅拌均匀，关火后盛出装入碗中即可。

no.1 材料准备

◆ 原料：碱水面100克，花生米40克，瘦肉50克，葱花少许

◆ 调料：盐7克，鸡粉少许，辣椒油4毫升，料酒10毫升，甜面酱10克，上汤100毫升，食用油适量

no.2 美食做法

1. 油锅烧热，小火炸花生米至红衣裂开呈微黄色，装盘晾凉，瘦肉剁成肉末，花生米除红衣切成粉末状，沸水锅放入面条，放适量油、盐搅匀，煮熟后捞出装盘备用。

2. 油锅倒入肉末炒转色，淋料酒、甜面酱炒香，倒入上汤，加少许盐、鸡粉、辣椒油、花生米炒匀；炒好后盛在面条上，撒上葱花即可。

紫薯粥

烹饪时间：47分钟
适宜对象：一般人群

TIPS 紫薯黏性大，大米放太多会容易煳锅。

125

榨菜肉丝面

烹饪时间：**6.5**分钟
适宜对象：高血压患者

no.**1** 营养 / 功效

>> 菜心含有维生素C、钙、磷、铁、胡萝卜素等成分，其中铁质能补血顺气、化痰下气、祛瘀止滞、解毒消肿，活血降压效果好。

no.**2** 材料准备

◆**食材**

菜心……30克

榨菜……40克

瘦肉……50克

葱花少许

拉面……70克

◆**调料**：盐7克，水淀粉3毫升，老抽2毫升，鸡粉2克，上汤、料酒、水淀粉、食用油各适量

no.**3** 美食做法

1. 瘦肉切成丝，盛入碗中加入盐、鸡粉、水淀粉、少许食用油腌渍10分钟备用，锅中注水烧开，加入少许食用油，放入菜心，煮半分钟后捞出备用，面条放入沸水锅中加盐煮2分钟，捞出装盘备用。

2. 锅中加上汤100毫升和清水200毫升烧开，加盐、鸡粉拌匀，把菜心放在面条两边，盛出汤汁倒在面上。

3. 油锅倒入肉丝炒至转色，淋料酒，倒入榨菜翻炒匀，注入少许上汤拌匀；加入老抽炒上色，加入水淀粉翻炒均匀；将炒好的榨菜肉丝盛在面条上，撒上葱花即可。

POINT 榨菜含盐量高，过多食用可使人患高血压，加重心脏负担，可提前用水浸泡去除一些盐分。

no.**4** 美味再一道

芽菜肉丝面

烹饪时间：**4**分**30**秒
适宜对象：婴幼儿

// 做法 //

肉丝腌渍10分钟，锅中注放油、盐、鸡粉煮面，沸腾后倒入芽菜、肉丝续煮约3分钟，放入芹菜至其断生，最后放上红椒丝即成。

no.**5** 上桌点评★★★☆☆

>> 榨菜肉丝面也是非常经典的搭配，榨菜
酸味适中，猪肉鲜嫩，做出来的面条和着酸
香的汤汁送入嘴中，滋味儿妙不可言。

腊八粥

烹饪时间：**46**分钟
适宜对象：女性

no.**1** 材料准备

◆**原料：** 水发糯米135克，水发红豆100克，水发绿豆100克，水发花生90克，红枣15克，桂圆肉30克，腰果35克，冰糖45克，陈皮2克

no.**2** 美食做法

1. 砂锅中注水烧开，倒入泡发好的糯米、绿豆、红豆、花生、桂圆肉、腰果、红枣、陈皮搅拌均匀。

2. 盖上锅盖用小火炖40分钟，揭开锅盖，放入适量冰糖搅拌片刻续煮5分钟。

3. 关火后揭开锅盖搅拌，盛出装碗即可。

TIPS 豆类提前泡一晚上，会更软烂绵滑。

no.**1** 材料准备

◆**原料：** 面条80克，西红柿60克，鸡蛋1个，蒜末、葱花各少许
◆**调料：** 盐、鸡粉各2克，番茄酱6克，水淀粉、食用油各适量

no.**2** 美食做法

1. 西红柿切小块，鸡蛋调成蛋液；锅中注水烧开，加食用油，放入面条煮熟软，捞出待用，油锅炒匀蛋液呈蛋花状待用，锅底留油烧热，倒入蒜末爆香。

2. 放入西红柿炒匀，倒入蛋花炒散，注水，加入番茄酱、盐、鸡粉，拌匀调味，煮至熟软，倒入水淀粉勾芡。取面条，盛入锅中的材料，点缀上葱花即可。

西红柿鸡蛋打卤面

烹饪时间：**4**分钟
适宜对象：一般人群

TIPS 面条煮的时间不可过长，否则影响口感。

no.**4** 上桌点评★★★★☆

>> 紫菜包饭做起来非常简单，而且又好看又好吃，紫菜皮脆脆的还带着韧性，在自家饭桌上感受别样风情。

紫菜包饭

扫二维码 跟视频同做美食

烹饪时间：**3**分钟
适宜对象：高血压患者

no.**1** 营养 / 功效

>> 紫菜含有蛋白质、脂肪、维生素A、B族维生素、多糖、碘、钙、铁、胆碱等营养成分，可显著降低血清胆固醇的含量，从而起到降血压的作用，适合高血压病患者食用。

no.**2** 材料准备

◆食材　黄瓜……120克　　鸡蛋……1个
胡萝卜……100克
糯米饭……300克
寿司紫菜……1张　　酸萝卜……90克

◆调料：鸡粉2克，盐5克，寿司醋4毫升

no.**3** 美食做法

1. 胡萝卜切条，黄瓜切条，鸡蛋打入碗中，放盐打散调匀倒入油锅，摊成蛋皮，取出切成条备用。

2. 锅中注水烧开，放入少许鸡粉、盐、适量食用油，先后放入胡萝卜、黄瓜煮断生。

3. 将焯煮好的食材捞出，沥干备用，将糯米饭倒入碗中，加入寿司醋、盐搅拌匀。

4. 取竹帘，放上寿司紫菜，将米饭均匀地铺在紫菜上，压平。

POINT　在手上抹一些香油或清水，米饭就不会粘手。

5. 分别放上胡萝卜、黄瓜、酸萝卜、蛋皮。卷起竹帘，压成紫菜包饭，再切成大小一致的段即可。

牛肉白菜汤饭

扫二维码 跟视频同做美食

烹饪时间：22分钟
适宜对象：儿童

no.1 营养 / 功效

>> 白菜含有蛋白质、膳食纤维、胡萝卜素、维生素E、钠、钙、镁、铁等营养成分，具有开胃消食、通便排毒等功效。

no.2 材料准备

◆**食材** 牛肉……110克 胡萝卜……55克 白菜……70克 虾仁……60克 米饭……130克 海带汤……300毫升

◆**调料**：芝麻油少许

no.3 美食做法

1. 锅中注入水烧开放入牛肉，煮约10分钟至其断生，捞出沥水待用，沸水锅中倒入虾仁煮至变色，捞出沥水待用。

2. 胡萝卜切成粒，白菜切丝，牛肉切成粒备用；虾仁剁碎备用。

3. 砂锅置于火上，倒入海带汤，放入牛肉、虾仁、胡萝卜拌匀，小火煮约10分钟。

POINT 烹制牛肉前，可先用芥末在肉面上抹一下，烹制时用冷水洗掉，这样不仅熟得快，而且肉质鲜嫩。

4. 倒入米饭搅散，放入白菜续煮约10分钟至食材熟透，淋入芝麻油，搅拌均匀装碗即可。

POINT 要想吃到可口又营养的汤饭，饭不要放凉，刚做好的新饭泡入热汤里最好。

no.4 美味再一道

鸡肉花生汤饭

烹饪时间：2分钟
适宜对象：婴幼儿

//做法//

鸡丁炒变色后，下入上海青和秀珍菇炒断生，倒入备好的鸡汤，加盐略煮，沸腾后倒入米饭用中火煮沸，撒上花生粉拌匀即成。

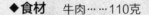

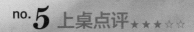

no.5 上桌点评 ★★★☆☆

>> 菜、汤、米饭一气呵成，汤饭营养最好吸收，吃完胃里暖乎乎的，尤其适合小朋友噢！

意大利牛排面

烹饪时间：**27**分钟
适宜对象：一般人群

no.2 材料准备

◆食材
意大利面……100克
番茄酱……30克
黑胡椒牛排酱……30克
腌渍牛排……200克
圣女果……70克

◆调料：橄榄油适量

no.1 营养 / 功效

>> 圣女果具有促进食欲、清热解毒、健胃消食等功效。它既是蔬菜又是水果，色泽艳丽，味道适口，其维生素含量是普通番茄的1.8倍。

no.3 美食做法

1. 圣女果切一块下来，小块切成兔耳状，在圣女果的中间切一刀，将兔耳插进去，制成兔子形状待用。

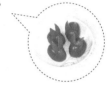

2. 锅中注水大火烧开倒入意大利面煮至软，捞出沥干水分。

POINT ▶ 煮意面的时候也可以加一点儿盐，会更有嚼劲。

3. 热锅中倒入橄榄油烧热，放入牛排煎至七分熟，盛出装入盘中。

4. 锅底留油烧热，挤上黑胡椒牛排酱，倒入番茄酱翻炒均匀，盛出装碗。

5. 将意大利面装入盘中，放上牛排，摆入备好的圣女果，将酱汁浇在牛排上即可。

no.4 上桌点评 ★★★☆☆

>> 别看名字挺高端，其实做起来非常简单迅速，再配上瓷器装盘和刀叉，在家吃出西餐厅的感觉。

火腿鸡蛋炒面

烹饪时间：**3分钟**
适宜对象：儿童

no. 1 材料准备

◆原料：泡发碗面150克，鸡蛋1个，火腿肠1根，葱段20克，韭黄段30克

◆调料：生抽5毫升，鸡粉1克，盐1克，食用油适量

no. 2 美食做法

1. 火腿肠切丝，倒入油锅爆香，盛出备用；鸡蛋打入油锅中，加盐，用小火煎成型，翻面，煎成荷包蛋备用。

2. 锅留底油，放葱白爆香，倒入泡发好的碗面炒匀，倒入火腿，加入盐、鸡粉、生抽炒匀，放入葱叶和韭黄炒匀，盛出装盘，放上荷包蛋即可。

TIPS 锅烧热再注油，炒东西就不会粘锅。

---

no. 1 材料准备

◆原料：软饭150克，牛肉70克，胡萝卜35克，西兰花、洋葱各30克，小油菜40克

◆调料：盐3克，鸡粉2克，生抽5毫升，水淀粉、食用油各适量

no. 2 美食做法

1. 小油菜切段，胡萝卜切薄片，洋葱切小块，西兰花切小朵；牛肉切片腌渍10分钟。

2. 胡萝卜、西兰花加盐煮约半分钟，下入小油菜续煮，捞出待用；油锅倒入牛肉片炒变色，加洋葱炒软，倒入软饭炒匀，淋入生抽，加入盐、鸡粉，炒匀调味；下入焯过水的食材，用中火翻炒全熟透即成。

鲜蔬牛肉饭

烹饪时间：**2分钟**
适宜对象：婴幼儿

TIPS 选用的软饭最好含水分较少以免炒黏。

虾仁馄饨

烹饪时间：**4**分钟
适宜对象：一般人群

no.**1** 营养 / 功效

>> 虾皮含有蛋白质、维生素A、钙、磷、钾、钠、镁等营养成分，有化瘀解毒、益气、补肾、开胃、化痰等功效。

no.**2** 材料准备

◆ **食材**

馄饨皮……70克

紫菜……5克

猪肉……45克

虾皮……15克

虾仁……60克

◆ **调料**：盐2克，鸡粉3克，生粉4克，胡椒粉3克，芝麻油、食用油各适量

no.**3** 美食做法

1. 虾仁剁成虾泥，猪肉剁成肉末，把虾泥、肉末装入碗中，加入鸡粉、盐，撒上胡椒粉拌匀，倒入少许生粉拌至起劲。

2. 淋入少许芝麻油拌匀，腌渍约10分钟制成馅料。

3. 取馄饨皮，放入适量馅料，沿对角线折起，卷成条形，再将条形对折，收紧口，制成馄饨生坯，装在盘中，待用。

4. 锅中注入适量清水烧开，撒上紫菜、虾皮，加入少许盐、鸡粉、食用油，拌匀，略煮，放入馄饨生坯，用大火煮约3分钟，至其熟透盛出即可。

POINT 要用深锅煮，每次煮的馄饨不能太多，否则馄饨会受热不匀，有的熟了有的没熟。馄饨皮煮至透明，就可以关火了。

no.**4** 美味再一道

紫菜馄饨

烹饪时间：**5**分**30**秒
适宜对象：婴幼儿

// 做法 //

油锅倒入虾皮爆香，胡萝卜丝翻炒出香味，倒水放紫菜煮沸，加盐、鸡粉、猪肉馄饨，用中火煮4分钟至熟撒少许葱花即可。

>> 虾仁和猪肉相遇，碰撞出最鲜香的美味，捏进薄薄的馄饨皮里，汤里加入的紫菜和虾皮锦上添花。

鸡丝凉面

烹饪时间：**4**分钟
适宜对象：女性

面条煮好后过一下凉开水更爽口。

no.**1** 材料准备

◆**原料：** 面条80克，黄瓜、黄豆芽各20克，鸡胸肉60克，熟白芝麻、葱花各少许

◆**调料：** 生抽6毫升，盐、鸡粉各3克，芝麻酱8克，水淀粉、芝麻油、食用油各适量

no.**2** 美食做法

1. 黄瓜、鸡胸肉切细丝备用，将鸡肉丝腌渍10分钟入味。锅中注水烧开，注油，放黄豆芽煮断生，沥水待用，面条煮软待用。

2. 油锅烧热，倒入鸡肉滑油待用，取一个大碗放入全部焯好的食材。

3. 放盐、鸡粉、芝麻油、芝麻酱拌匀，撒上葱花、熟白芝麻即可。

no.**1** 材料准备

◆**原料：** 水发大米120克，鲜香菇30克

◆**调料：** 盐、食用油各适量

no.**2** 美食做法

1. 香菇切成粒备用，砂锅中注水烧开，倒入洗净的大米拌匀。

2. 加盖，烧开后用小火煮约30分钟至大米熟软，揭盖，倒入香菇粒，搅拌匀，煮至断生。

3. 加入少许盐、食用油，搅拌片刻至食材入味；关火后盛出煮好的粥，装入碗中，待稍微放凉即可食用。

香菇大米粥

烹饪时间：**22**分钟
适宜对象：婴幼儿

香菇可以先焯煮一下，口感会更佳。

扫
一
二
维
码

跟视频同做美食

^{no.}4 上桌点评 ★★★☆

>> 印尼炒饭的特色就是味浓，用简单的步骤就可以做出营养健康的主食，沙茶酱的美味令人难忘。

印尼炒饭

烹饪时间：**4**分钟
适宜对象：一般人群

^{no.}1 营养／功效

>> 牛肉具有补中益气、滋养脾胃、强健筋骨等作用。胡萝卜中富含的胡萝卜素，然而离开微量元素锌，胡萝卜素就无法输送至身体其他组织，牛肉中富含锌，跟胡萝卜搭配，能更好地提高免疫力。

^{no.}2 材料准备

◆食材

沙茶酱……20克
牛肉……90克
虾米适量
凉米饭……200克
包菜……100克
胡萝卜……120克

◆调料：盐2克，鸡粉3克，生抽5毫升，食用油适量

^{no.}3 美食做法

1. 包菜切丝，胡萝卜切丝，牛肉切丝。

> **POINT** 牛肉纤维较粗，应垂直于肉纤维来切。

2. 油起锅，放入牛肉丝，略炒，倒入虾米、胡萝卜丝炒匀炒香，加入沙茶酱炒匀。

3. 倒入米饭炒松散，放生抽，倒入包菜丝炒匀。

> **POINT** 小火温炒，加入黄瓜丁、西红柿更好吃。

4. 放盐、鸡粉，炒匀调味盛出，装入碗中即可。

137

石锅拌饭

烹饪时间：**5分30秒**
适宜对象：**一般人群**

no.**1** 营养 / 功效

>> 黄瓜含有蛋白质、维生素B$_1$、维生素C、维生素E、钙、磷、铁、铬等营养成分，具有美容、除湿、降火、清热、利尿等功效。

no.**2** 材料准备

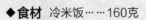

◆**食材** 冷米饭……160克　牛肉……30克　胡萝卜……20克　香菇……10克

鸡蛋……1个　　　黄瓜……45克　葱花少许　黄豆芽……15克

◆**调料：** 盐、鸡粉各2克，生抽、料酒各4毫升，老抽3毫升，辣椒酱3克，水淀粉、芝麻油、猪油、食用油各适量

no.**3** 美食做法

1. 黄瓜切成丁，胡萝卜切成丁，香菇去蒂切成丁，黄豆芽切段备用。

2. 牛肉切成丁装入盘中，加盐、生抽、鸡粉，淋入水淀粉拌至起劲，倒入少许油，腌渍约10分钟入味。将鸡蛋炒成蛋花状待用。

3. 油锅倒入牛肉炒变色，放入蔬菜食材，淋入料酒炒匀，倒入生抽、老抽炒匀；放入辣椒酱，注水炒匀，加入盐、鸡粉，用水淀粉勾芡，制成酱菜，盛出待用。

4. 石锅置于火上烧适量猪油至溶化，倒入米饭压平、铺匀，用大火烧3分钟至散出焦香味。倒入酱菜、蛋花，撒上葱花拌匀，淋入少许芝麻油拌匀即可。

POINT 可以多放些猪油，这样容易产生锅巴，更有焦香味。

no.**4** 美味再一道

泡菜拌饭

烹饪时间：**2分钟**
适宜对象：**一般人群**

// 做法 //

圆椒丁、胡萝卜丁、酸菜、包菜焯水断生，沥干水分炒熟，加入调料炒香，放米饭炒至松软，撒上白芝麻，炒至食材入味即可。

no.5 上桌点评 ★★★☆☆

>> 源自韩国的美味主食，多种配料菜均衡营养，烧焦的锅巴飘出焦香，喷香诱人，口感和风味都很独特。

扫二维码 跟视频同做美食

荷叶糯米鸡腿饭

烹饪时间：**38**分钟
适宜对象：女性

no.**1** 营养 / 功效

>> 糯米含有蛋白质、维生素B_1、维生素B_2、淀粉、钙、磷、铁等营养成分，具有补中益气、健脾养胃、止虚汗等功效。

no.**2** 材料准备

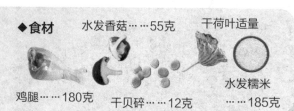

◆食材　水发香菇……55克　干荷叶适量

鸡腿……180克　干贝碎……12克　水发糯米……185克

◆调料：盐、鸡粉各2克，胡椒粉少许，生抽3毫升，料酒4毫升，芝麻油、食用油各适量

no.**3** 美食做法

1. 鸡腿切开剔除骨头，再把鸡肉改切成丁，香菇去蒂切成小块，干荷叶修齐边缘待用。

POINT　有条件的话可以在菜市场买或者自己摘新鲜的荷叶，味道更好。

2. 将肉丁炒变色，淋生抽，加料酒炒香，倒入香菇丁、干贝碎，放调味料快炒，待用。

POINT　干贝可用清水泡软，这样压碎时会更省力。

3. 干荷叶平放，倒入糯米，盛入锅中材料铺匀，包紧荷叶，放在蒸盘中。

4. 放入蒸锅用中火蒸约35分钟，至熟透，盛出，食用时打开荷叶包即可。

no.**4** 上桌点评 ★★★★★

>> 满是清新荷香的米糯饭，味道香浓，口感糯粘，给饭桌带来不一样的味觉体验，动手拆荷叶还给吃饭添了别样的趣味。

油泼面

烹饪时间：**6分32秒**
适宜对象：一般人群

TIPS 焯煮可将上海青菜梗剖开以便入味。

no.1 材料准备

◆原料： 宽面70克，上海青100克

◆调料： 上汤300毫升，盐2克，鸡粉2克，辣椒面3克，食用油适量

no.2 美食做法

1. 锅中注水烧开，加入少许食用油，放入上海青煮半分钟，捞出待用。

2. 将面条放入沸水锅中煮4分钟至熟捞出装盘。

3. 将上海青装入碗中。锅中倒入上汤加盐、鸡粉拌匀煮沸，把汤汁盛在面条上，撒上辣椒面。

4. 锅中加入适量食用油，烧热，淋在面条上即可。

no.1 材料准备

◆原料： 水发大米120克，水发黑米60克，水发红豆45克，水发莲子30克，燕麦40克

no.2 美食做法

1. 砂锅中注入适量清水烧热，倒入洗好的大米、黑米、莲子，将洗净的红豆、燕麦放入锅中。

2. 将食材搅拌均匀，盖上盖，烧开后用小火煮20分钟至熟。

3. 关火揭盖，将煮熟的饭盛出即可。

燕麦五宝饭

烹饪时间：**21分钟**
适宜对象：一般人群

TIPS 先用水将食材泡发，可以缩短烹煮时间。

芹菜猪肉炒河粉

烹饪时间：**3**分钟
适宜对象：一般人群

no.**1** 营养 / 功效

>> 猪瘦肉富含维生素B₁，有促进生长和消化、改善神经组织功能的作用。常食猪肉还能补肾养血、滑润肌肤、滋阴润燥。

no.**2** 材料准备

◆**食材**　河粉……700克

芹菜……50克

葱白少许

瘦肉……70克

◆**调料：** 盐4克，鸡粉少许，味精2克，生抽5毫升，老抽2毫升，水淀粉2毫升，食用油适量

no.**3** 美食做法

1. 芹菜切成段备用，瘦肉切成片，切好的肉片盛入碗中，加盐、鸡粉，淋入水淀粉拌匀，加入食用油腌渍10分钟至入味。

2. 用油起锅，倒入腌渍好的肉片翻炒至转色，盛出备用。

3. 用油起锅，放入河粉翻炒均匀。

POINT 油放得稍微多点，油锅要烧得够热再放河粉大火急炒，这样才不会粘锅，也不会碎。

4. 倒入芹菜、葱白，炒匀，加入盐、味精，倒入生抽、老抽，炒匀调味，倒入肉片，翻炒匀，装盘即可。

no.**4** 美味再一道

什锦蔬菜炒河粉

烹饪时间：**2**分钟
适宜对象：一般人群

//做法//

胡萝卜丝与白菜丝焯煮待用，蒜末爆香炒彩椒丝，再倒入焯水的食材和河粉快速炒干水汽，加入调料，撒葱花翻炒入味即成。

no.5 上桌点评 ★★★☆☆

>> 河粉口感绵软，用炒的手法来做尤其合适，加入瘦肉和芹菜，味道一绝，吃起来香味扑鼻。

金沙咸蛋饭

烹饪时间：**5**分钟

适宜对象：一般人群

no.**1** 营养 / 功效

>> 玉米粒具有健脾止泻、延缓衰老、利尿消肿等功效，咸鸭蛋含有蛋白质、脂肪、碳水化合物、维生素B_1、维生素B_2等营养成分，具有开胃消食、促进骨骼发育等功效。两者和米饭搭配食用，其开胃消食效果明显。

no.**2** 材料准备

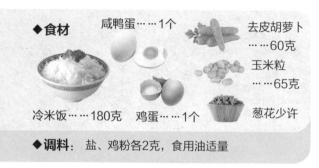

◆**食材**

咸鸭蛋……1个　　去皮胡萝卜……60克

玉米粒……65克

冷米饭……180克　鸡蛋……1个　葱花少许

◆**调料**：盐、鸡粉各2克，食用油适量

no.**3** 美食做法

1. 胡萝卜切成丁，取碗打入咸鸭蛋清，将鸭蛋黄放入盘中，将鸡蛋打入鸭蛋清中搅散待用。

POINT 可根据自己的口味加入一点蛋白，味道也不错。

2. 锅中注水烧开，倒入玉米粒焯煮片刻，捞出沥水备用；油锅炒散蛋液，关火后盛入碗中待用。

3. 用油起锅，倒入咸鸭蛋黄压碎，倒入玉米粒、胡萝卜丁、米饭，翻炒约2分钟至熟。

4. 倒入蛋碎炒匀，加入盐、鸡粉，放入葱花炒匀，关火后盛出装碗即可。

no.**4** 上桌点评 ★★★☆

>> 咸鸭蛋使普通的蛋炒饭味道变得更加特别，咸蛋香味进入了米饭，红萝卜和咸蛋结合的颜色让米饭透亮金黄，煞是好看！

no. 4 上桌点评★★★★★

>> 色香味俱全的热干面不同于凉面和汤面，只要有心就能将各地名食端上自家饭桌。

热干面

扫二维码 跟视频同做美食

烹饪时间：3分30秒
适宜对象： 高血脂病者

no. 1 营养 / 功效

>> 萝卜干具有降血脂、降血压、消炎、开胃、化痰、止咳等功效。此外，萝卜干还含有一种叫糖化酶的成分，能分解食物中的淀粉，促进人体对营养物质的消化吸收，又能把致癌的亚硝胺分解掉。

no. 2 材料准备

◆**食材**　辣萝卜干……30克　　葱花少许

碱水面……100克　　金华火腿末……20克

◆**调料：** 盐6克，芝麻酱10克，芝麻油10毫升，生抽5毫升，鸡粉2克

no. 3 美食做法

1. 锅中倒入适量清水用大火烧开，放入碱水面煮软，捞出盛入碗中，淋入芝麻油拌匀备用。

2. 锅中倒入适量清水烧开，加盐，放入面条，烫煮约1分钟至熟，盛入碗中，加盐、鸡粉，倒入萝卜干、火腿末。

POINT ┈ 辣萝卜干的盐含量很高，在烹食前最好用清水浸泡，析出部分盐分。

3. 再加入生抽、芝麻酱、芝麻油、葱花，用筷子拌匀调味，盛出装盘即可。

no.4 上桌点评 ★★★☆

>> 担担面好吃的秘诀是配料的丰富，细薄的面条略有汤汁，鲜美爽口，咸鲜微辣，香气扑鼻的上桌佳品。

担担面

烹饪时间：**3**分钟
适宜对象：一般人群

no.1 营养 / 功效

>> 猪肉营养丰富，蛋白质含量高，还含有丰富的脂肪、维生素B$_1$、钙、磷、铁等成分，具有补肾养血、滋阴润燥、丰肌泽肤等功效。凡病后体弱、产后血虚、面黄羸弱者，皆可用之作为营养滋补之品。

no.2 材料准备

◆**食材**
  瘦肉……70克
  葱花少许
  碱水面……150克
  生菜……50克
  生姜……20克

◆**调料**：上汤300毫升，盐2克，鸡粉少许，生抽、老抽各2毫升，辣椒油4毫升，甜面酱7克，料酒、食用油各适量

no.3 美食做法

1. 生姜剁成末，瘦肉剁成末，锅中倒水，用大火烧开，倒入食用油，放入生菜，煮片刻捞出备用。

POINT 生菜不宜放在沸水锅中焯烫太久，以免营养流失过多，并且菜色变黄。

2. 把碱水面放入沸水锅中煮约2分钟至熟，捞出盛入碗中晾凉，再放入生菜。

3. 油锅放入姜末爆香，倒入肉末炒匀，淋入料酒、老抽，加入上汤、盐、鸡粉，淋入生抽、辣椒油拌匀，加入甜面酱拌匀煮沸，将味汁盛入面条中，撒上葱花即可。

第七章

常回味！
最受欢迎的家常点心小吃

烧得了一桌好菜当然还不够，饭后的点心小吃同样得拿得出手，不必买外头不放心的地沟油产品了，想吃什么就做什么，每一次新鲜出炉，都是美食带来的欣喜。别犹豫，性价比极高的各式小吃赶紧学起来。

南瓜饼

烹饪时间：**13**分钟
适宜对象：儿童

no.2 材料准备

◆食材
糯米粉……500克
熟南瓜块……300克
面包糠……70克

◆调料：豆沙80克，白糖100克

no.1 营养/功效

>> 南瓜含有蛋白质、胡萝卜素、B族维生素、维生素C、钴等成分。在各类蔬菜中钴含量居首位，对防治糖尿病、降低血糖有特殊的疗效。

no.3 美食做法

1. 将熟南瓜捣烂成泥，加入白糖，放入糯米粉拌匀；中途按量加糯米粉揉搓，和成粉团。

POINT 白糖要适量，过甜会腻，切勿一次加太多糯米，以免过硬。

2. 将粉团揉搓成长条，摘成数个大小合适的生坯；将生坯按扁，豆沙揉成条，摘成小块，放入生坯中，收紧包裹严实，按成饼状。

3. 盛入铺有面包糠的盘中，再均匀地撒上面包糠。

4. 锅中倒油烧至四五成热，放入南瓜饼生坯；炸约2分钟至熟，捞出，按此方法将剩余的南瓜饼炸熟装盘即成。

POINT 应用低油温或者中油温，慢慢浸炸。待饼成熟后，再以高温炸香为止。

no.4 上桌点评 ★★★★☆

>> 南瓜饼软糯香甜，色泽金黄，十分适合在下午茶时分来上两块，而且还具有解毒通便、保护胃黏膜的作用，好吃又营养，不失为待客佳品。

酥炸黄金条

烹饪时间：**5**分钟
适宜对象：一般人群

no.1 材料准备

◆ 原料：南瓜馅180克，葵花籽仁70克，蛋黄70克，低筋面粉30克，威化纸数张
◆ 调料：食用油适量

no.2 美食做法

1. 低筋面粉装入碗中，加入少许清水，调成面糊。

2. 取一张威化纸，放上适量南瓜馅；卷裹好，沾少许面糊封口，蘸上少许蛋液，再撒上葵花籽，制成生坯。

3. 热锅注油，烧至五六成热，生坯装于漏勺，放入油锅，炸至金黄色捞出，沥干油，装盘即可。

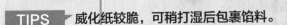

TIPS ▶ 威化纸较脆，可稍打湿后包裹馅料。

no.1 材料准备

◆ 原料：鸡蛋2个，葱花少许
◆ 调料：盐3克，水淀粉10毫升，鸡粉、芝麻油、胡椒粉、食用油各适量

no.2 美食做法

1. 鸡蛋打入碗中，加鸡粉、盐，再加入少许水淀粉，放入葱花；加入少许芝麻油、胡椒粉用筷子搅拌匀。

2. 锅中注油烧热，倒入三分之一的蛋液，炒片刻至七成熟盛出，放入剩余的蛋液中。

3. 用筷子拌匀，锅中再倒入适量食用油，倒入混合好的蛋液，用小火煎制，煎约2分钟至有焦香味时翻面，继续煎至金黄色即可。

葱花鸡蛋饼

烹饪时间：**4**分钟
适宜对象：孕妇

TIPS ▶ 打蛋液时顺着一个方向使鸡蛋更加鲜嫩。

扫二维码 跟视频同做美食

韭菜鸡蛋煎饺

烹饪时间：**10**分钟
适宜对象：一般人群

no.1 营养 / 功效

>> 韭菜含有碳水化合物、膳食纤维、胡萝卜素以及多种维生素和矿物质，具有温中壮阳、消炎解毒、补虚益阳、调和脏腑等作用。

no.2 材料准备

◆**食材**

韭菜……300克

鸡蛋……2个

低筋面粉……250克

◆**调料：** 盐2克，鸡粉2克，食用油适量

no.3 美食做法

1. 把洗净的韭菜切成小段，用油起锅，倒入一个鸡蛋炒散，倒入韭菜翻炒熟，放盐、鸡粉，炒匀盛出待用。

2. 低筋面粉装于碗中，倒入另一个鸡蛋搅匀；加适量开水搅匀成面糊，倒在案台上，搓成光滑的面团，搓成长条状；分切成数个大小均等的剂子，压扁擀成面皮。

3. 取适量馅料，放在面皮上，收口，捏花边，制成生坯；用油起锅，放入生坯，煎出焦香味，翻面煎至焦黄色装盘即可。

POINT 油温不宜过高，并及时翻面，以免炸煳；生坯做成后撒一些黑芝麻，非常香。

no.4 美味再一道

韭菜饺

烹饪时间：**9**分钟
适宜对象：一般人群

// 做法 //

用虾肉、五花肉、韭菜末做馅料，捏制成韭菜饺生坯，放入铺有油纸的蒸笼中用大火蒸约4分钟至熟即可。

>> 韭菜鸡蛋煎饺的表皮薄而酥脆，馅料喷香可口，韭菜和鸡蛋的天作之合包裹在口感极佳的面皮内，二者结合出绝佳口感。

肉末蒸蛋

烹饪时间：**10**分钟
适宜对象：一般人群

no.1 营养 / 功效

>> 鸡蛋含有蛋白质、卵磷脂、固醇类、蛋黄素、维生素、钙、铁、钾等营养成分，具有增强免疫力、养心安神、滋阴润燥等功效。

no.2 材料准备

◆**食材**　鸡蛋……3个

肉末……90克

姜末、葱花各少许

◆**调料：**盐2克，鸡粉2克，生抽2毫升，料酒2毫升，食用油适量

no.3 美食做法

1. 用油起锅，倒入姜末爆香，放入肉末，炒至变色。

2. 加入适量生抽翻炒均匀，淋入料酒翻炒均匀，再加入鸡粉、盐，炒匀调味，盛出备用。

POINT　喜欢吃辣的话依据个人口味在炒肉末时加入辣酱，味道也很香。

3. 取小碗，打入鸡蛋，加入少许盐、鸡粉，打散调匀，分次注入少许温开水，调成蛋液倒入蒸碗，撇去浮沫备用。

POINT　调制蛋液时水不要加太多，以免影响成品的口感。

4. 蒸锅上火烧开，放入蒸碗，盖上锅盖用中火蒸约10分钟至熟。撒上炒好的肉末，点缀上葱花即可。

no.4 美味再一道

香菇蒸蛋羹

烹饪时间：**17**分钟
适宜对象：高血压患者

// 做法 //

香菇再切小丁块，放入少许盐、鸡粉、食用油拌匀，淋入少许料酒略煮香菇丁；放入调好的蛋液中蒸熟，撒葱花即可。

no.5 上桌点评★★★★☆

>> 简单易做的家常小吃，猪肉和鸡蛋的搭配无比鲜香嫩滑，营养又美味，孩子和老人的最爱。

煎红薯

烹饪时间：**4**分钟
适宜对象：婴幼儿

no.1 材料准备

◆ **原料：** 红薯250克，熟芝麻15克
◆ **调料：** 蜂蜜、食用油各适量

no.2 美食做法

1. 锅中注水烧开，倒入切好的红薯片煮约2分钟至断生，捞出沥水待用。

2. 煎锅中注入少许食用油烧热，放入红薯片，用小火煎至散发焦香味。

3. 翻转锅中的食材，再用小火煎片刻，至两面熟透。

4. 关火后盛出煎好的食材，均匀地淋上蜂蜜，撒上熟芝麻即成。

TIPS 芝麻在炒前沥干水分以免夹生。

no.1 材料准备

◆ **原料：** 春卷皮100克，包菜85克，香干65克，胡萝卜60克，瘦肉80克
◆ **调料：** 盐2克，鸡粉少许，料酒2毫升，生抽4毫升，水淀粉、食用油各适量

no.2 美食做法

1. 香干、胡萝卜、包菜、瘦肉切成丝，肉丝炒至变色。

2. 淋入少许料酒，炒香后倒其余食材炒软，加入少许盐、生抽、鸡粉炒匀，倒入水淀粉炒匀，制成馅料。

3. 取适量盛入春卷皮摊平卷起收紧，用水淀粉封好口，制成生坯，放入油锅炸熟，沥干油即成。

炸春卷

烹饪时间：**8**分**30**秒
适宜对象：一般人群

TIPS 封口时用少许蛋液，外形会更稳固。

no.4 上桌点评 ★★★★☆

>> 烤豆腐本是云南的特色，鲜嫩的豆腐经过烤制带上一层薄薄的焦皮，与辣椒粉的味道混合，美味不可阻挡。

扫二维码

跟视频同做美食

烤豆腐

烹饪时间：**24分钟**

适宜对象：**一般人群**

no.1 营养 / 功效

>> 豆腐营养价值较高，含有蛋黄素、维生素B_1、维生素B_6以及铁、镁、钾、铜、钙、锌、磷等营养成分，具有补中益气、清热润燥、生津止渴等作用。

no.2 材料准备

◆ **食材**

烧烤料·····25克

嫩豆腐·····300克

辣椒粉·····15克

◆ **调料**：盐2克，花椒粉少许，食用油适量

no.3 美食做法

1. 将嫩豆腐切方块装盘，两面均匀地撒上盐、烧烤料、辣椒粉和花椒粉，待用。

POINT 时间充足的话，刷好调料的豆腐放置20分钟，更加入味。

2. 烤盘中铺好锡纸，刷上底油，放入豆腐块推入预热的烤箱中。

3. 关好箱门，调上火温度为200℃，选择"双管发热"功能，再调下火温度为200℃，烤约20分钟，至食材熟透。

4. 断电后打开箱门，取出烤盘，稍微冷却后将菜肴盛入盘中，摆好盘即可。

扫二维码 跟视频同做美食

油豆皮黄金卷

烹饪时间：**8**分钟
适宜对象：儿童

no.**1** 营养 / 功效

>> 油豆皮有清热润肺、止咳消痰、养胃、解毒、止汗等功效，还可以提高免疫力，促进身体和智力的发育。

no.**2** 材料准备

◆**食材** 土豆……100克　蟹柳……90克　鸡蛋液适量
胡萝卜……70克　豆腐皮……2张

◆**调料**：盐3克，鸡粉2克，水淀粉、蚝油、豉油、食用油各适量

no.**3** 美食做法

1. 豆腐皮切成约10厘米的方片，土豆、胡萝卜、蟹柳切成丝；锅中注水，加盐、鸡粉拌匀，大火烧开，倒入胡萝卜丝、土豆丝焯熟备用。

2. 热油锅烧热，倒入蟹柳滑油，捞出备用；锅底留油，倒入土豆丝、胡萝卜丝略炒，再放入蟹柳丝翻炒，加蚝油、豉油、鸡粉、盐均匀，用水淀粉勾芡，盛盘备用。

3. 把豆腐皮铺开，放上炒好的土豆丝、胡萝卜丝、蟹柳丝卷成豆皮卷，再用少许水淀粉封口，收裹紧实，放入热油锅中，炸至金黄色即可。

POINT 豆皮放入煎锅时将封口向下，封口合拢了煎成金黄色再翻面。

no.**4** 美味再一道

豆皮南瓜卷

烹饪时间：**3**分**30**秒
适宜对象：一般人群

//做法//

南瓜片与鸡胸肉蒸熟后，鸡胸肉切成碎末，南瓜片碾成泥，加调料一起翻炒即成馅料，豆腐皮铺开，盛入适量馅料卷成卷即可。

no.5 上桌点评 ★★★☆☆

>> 油豆皮营养丰富又好吃，胡萝卜的清甜又能缓解油炸食品的油腻，加上蟹柳，混合的味道让人难忘。

扫二维码
跟视频同做美食

脆皮炸鲜奶

烹饪时间：**3**分钟
适宜对象：儿童

no.1 营养 / 功效

>> 牛奶含有蛋白质、碳水化合物、钙、磷、铁等营养成分，具有补肺养胃、生津润肠、镇静安神等功效。

no.2 材料准备

◆ **食材**

椰浆……120毫升

黄油……45克

牛奶……300毫升　面粉……500克　生粉……60克

◆ **调料**：炼乳15克，白糖35克，吉士粉、食用油各少许

no.3 美食做法

1. 取一个大碗，倒入少许牛奶、生粉、吉士粉，倒入椰浆，挤入炼乳拌匀，制成奶浆。

2. 油锅倒入黄油快速拌至溶化，转小火，注入少许清水，放入白糖用大火煮溶化，倒入牛奶拌匀至其呈糊状。

POINT 小火慢慢和，不停搅拌防止贴锅。

3. 关火后盛出奶糊，装入盘中铺平抹匀，放入冰箱冷冻约90分钟，再切成数个长方形奶条。

4. 奶条撒上生粉待用，把面粉装入碗中加水拌匀至稀糊状，淋油静置约30分钟后拌匀待用。

5. 油锅烧热，将奶条粘上面糊放入油锅中搅匀，小火炸约3分钟至金黄色，捞出炸好的材料，沥干油，装入盘中即可。

POINT 炸奶条时一定要用小火，否则容易炸煳。

no.4 上桌点评 ★★★★

>> 安神助眠的甜品，薄薄的面粉包裹着浓香四溢的鲜奶，外脆里嫩，鲜香可口，值得闭目享受的美味。

炸鱿鱼圈

烹饪时间：**1**分**30**秒
适宜对象：糖尿病患者

no.**1** 材料准备

◆ **原料**：鱿鱼120克，鸡蛋1个，炸粉100克
◆ **调料**：盐2克，生粉10克，料酒8毫升，番茄酱、食用油各适量

no.**2** 美食做法

1. 鱿鱼肉切成圈；取蛋黄装碗打散，加入生粉搅匀。

2. 水烧开，放入料酒，鱿鱼圈汆至变色，捞出沥水，用干毛巾吸干水分，放入碗中，倒入蛋液拌匀，放盐，加入炸粉裹均匀，装盘待用。

3. 热锅注油烧至五成热，放入鱿鱼圈炸至金黄色，捞出沥油，装盘后挤上适量番茄酱即可。

TIPS 鱿鱼本身带有咸味，放盐时可以少放些，以免太咸。

no.**1** 材料准备

◆ **原料**：核桃仁30克，鸡蛋1个，红薯粉30克
◆ **调料**：盐2克，食用油适量

no.**2** 美食做法

1. 锅中注水烧开放入少许盐，倒入核桃仁，用大火加热煮沸，捞出备用。

2. 将蛋黄打入碗中，倒入核桃仁抓匀，放入适量红薯粉搅拌均匀。

3. 热锅注油，烧至四成热，放入核桃仁，炸约1分30秒至熟，装盘即可。

蛋酥核桃仁

烹饪时间：**3**分钟
适宜对象：儿童

TIPS 核桃仁外衣苦涩，焯煮后去掉再烹饪。

扫二维码 跟视频同做美食

黄金蛋卷

烹饪时间：**20**分钟
适宜对象：一般人群

no.1 营养 / 功效

>> 鸡蛋含有蛋白质、卵磷脂、蛋黄素和多种维生素、矿物质，具有益智健脑、保护肝脏、滋阴润燥等功效。

no.2 材料准备

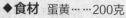

◆ **食材** 蛋黄……200克　　低筋面粉……30克　　咖啡粉……4克

白糖……40克　　全蛋……50克　　水……40毫升

◆ **调料：**

no.3 美食做法

1. 大碗倒入蛋黄、白糖、鸡蛋，用电动搅拌器搅匀，放入低筋面粉搅成糊状。

2. 取适量面糊加水、咖啡粉搅匀，倒入裱花袋备用，烤盘铺上烘焙纸倒入面糊摊平。

> **POINT** 此处咖啡粉可以换成其他来调节个人口味，比如抹茶粉。

3. 裱花袋中材料平行挤在面糊上，放入烤箱，上火120℃、下火160℃烤15分钟。

4. 取出烤好的蛋糕倒扣在烘焙纸上，撕去蛋糕上面的烘焙纸，用木棍将蛋糕卷成卷；去除下面的烘焙纸，用刀将两端切整齐再对半切开即可。

> **POINT** 卷蛋卷时一定要卷紧，否则容易散开。

no.4 美味再一道

芝麻蛋卷

烹饪时间：**45**分钟
适宜对象：一般人群

// 做法 //

黄奶油、盐、细砂糖搅匀，分次加入鸡蛋搅拌，放低筋面粉、黑芝麻，搅至糊状静置30分钟，下煎锅煎成蛋皮，凉后卷成卷即成。

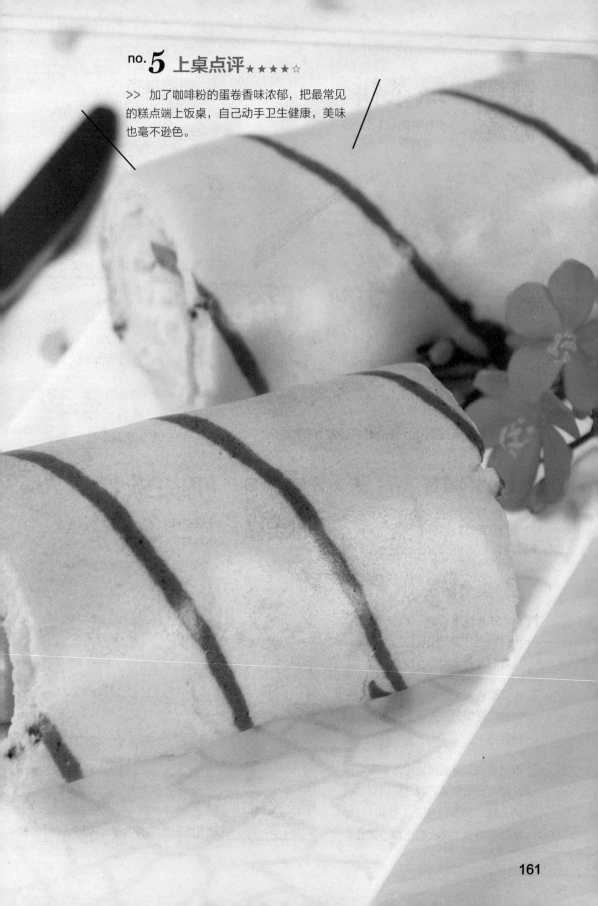

no.5 上桌点评★★★☆

>> 加了咖啡粉的蛋卷香味浓郁，把最常见的糕点端上饭桌，自己动手卫生健康，美味也毫不逊色。

绿茶饼

烹饪时间：**13**分钟
适宜对象：一般人群

no.**1** 材料准备

◆**原料：** 糯米粉65克，粘米粉30克，小麦澄粉9克，细砂糖7克，猪油6克，绿茶粉4克，开水适量，色拉油适量

no.**2** 美食做法

1. 将糯米粉、粘米粉、小麦澄粉、绿茶粉、细砂糖倒入大碗中，边倒入开水边用擀面杖搅拌，加猪油拌匀，揉搓成纯滑的面团。

2. 揉搓成长条形，用刮板切成小段状，将小面团揉圆，放入模具中压平，倒扣出，制成绿茶饼生坯。

3. 将生坯放入垫有油纸的蒸笼中，将蒸笼放入烧开的蒸锅，加盖大火蒸5分钟至熟，取出装盘即可。

TIPS 白糖的用量可根据自己的口味增减。

no.**1** 材料准备

◆**原料：** 鸡蛋1个，牛奶150毫升，面粉100克，黄豆粉80克
◆**调料：** 盐少许，食用油适量

no.**2** 美食做法

1. 锅中注水烧热，倒入牛奶，加盐、黄豆粉充分搅至糊状，打入鸡蛋，搅散制成鸡蛋糊，装碗待用。

2. 将面粉倒入大碗中，放入鸡蛋糊搅匀制成面糊，注入适量清水搅匀，静置待用。

3. 取面糊放入平底锅，用木铲压平煎片刻，压平制成饼状，轻轻翻动面饼，转动煎香，翻面，煎约1分钟至两面熟透，关火盛出摆盘即成。

奶味软饼

烹饪时间：**2**分**30**秒
适宜对象：婴幼儿

TIPS 待软饼成形后应用小火，以免软饼焦煳。

>> 色泽美观，松软甜香，像海绵的柔软感，带有鸡蛋的香味，是广东茶楼里常见的点心之一。

扫二维码　跟视频同做美食

马拉盏

烹饪时间：**17**分钟

适宜对象：一般人群

no.1 营养 / 功效

>> 鸡蛋含有多种维生素和氨基酸，而且比例与人体很接近，利用率高。鸡蛋的铁含量尤其丰富，是人体铁的良好来源。此外，它还含有卵磷脂，可促进肝细胞再生，还可提高人体血浆蛋白量，增强机体的代谢功能和免疫功能。

no.2 材料准备

◆ **食材**
- 低筋面粉……250克
- 白糖……250克
- 泡打粉……10克
- 三花淡奶……100毫升
- 鸡蛋……4个
- 吉士粉……10克

◆ **调料**：食用油适量

no.3 美食做法

1. 鸡蛋打入碗中待用；把面粉倒入大盆中，加入泡打粉搅拌均匀，倒入鸡蛋，加入白糖混合均匀，加入吉士粉，拌匀。

2. 倒入部分三花淡奶搅拌一会儿，再加入余下的三花淡奶，继续搅拌至面浆纯滑，加入少许食用油，快速地搅拌制成面浆。

3. 取适量面浆，装入纸杯中，装至六成满，制成马拉盏生坯，放在蒸盘上，再放入烧开的蒸锅中，加盖用大火蒸约15分钟熟透，取出装盘即成。

POINT 马拉盏生坯放入蒸锅后，不宜蒸制过久，以免成品口感不佳。

扫二维码 跟视频同做美食

烤双色丸

烹饪时间：**9**分钟
适宜对象：一般人群

no.**1** 营养 / 功效

>> 墨鱼含有蛋白质、维生素A、B族维生素、钙、磷、铁等营养成分，具有补脾益肾、滋阴补阳、养血、通乳等功效。

no.**2** 材料准备

◆ **食材**　牛肉丸……100克

墨鱼丸……100克

◆ **调料**：烧烤粉5克，辣椒粉5克，孜然粉3克，食用油适量

no.**3** 美食做法

1. 用竹签将牛肉丸、墨鱼丸穿成串，放在刷好食用油的烧烤架上。

2. 均匀地刷上油，中火烤3分钟至上色，小刀在肉丸和鱼丸上划小口，以便入味。

POINT ▶ 划刀口时，刀口不宜过密、过深，以免烤散了。

3. 旋转烤串，并刷上适量食用油，撒入烧烤粉、孜然粉、辣椒粉用中火烤3分钟至熟，装盘即可。

no.**4** 美味再一道

烤墨鱼丸

烹饪时间：**8**分钟
适宜对象：女性

//做法//

墨鱼丸用竹签穿成串放在刷了油的烧烤架上，撒上适量烧烤粉、孜然粉、辣椒粉，小火烤5分钟至熟即可。

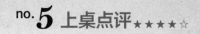

no.5 上桌点评 ★★★★☆

>> 肉类加海鲜的双重味觉体验，牛肉丸的
香，墨鱼丸的鲜，一口一个，鲜香无比，是
家庭烧烤小吃的必点。

扫一二维码
跟视频同做美食

葱油饼

烹饪时间：**55**分钟
适宜对象：一般人群

no.**1** 营养 / 功效

>> 葱含有蛋白质、维生素A、维生素C、纤维素、钙、磷、钾等营养成分，具有增强免疫力、发汗解表、促进消化等功效。

no.**2** 材料准备

◆**食材**
鸡蛋液……20毫升
葱花适量
低筋面粉……500克
黄奶油……20克

◆**调料**：盐3克，食用油适量

no.**3** 美食做法

1. 将低筋面粉倒在案台上用刮板开窝，倒入鸡蛋液、黄奶油拌匀，分次加入清水，将材料混合均匀，搓成光滑的面团。

POINT 用凉水和面，面团要软，面团和好后要充分饧发。

2. 取一碗放入葱花、盐搅拌均匀，用擀面杖把面团擀成面皮，葱花铺在面皮上卷成长条状，揉搓成面团，再擀成面皮，刷上一层食用油再卷成长条状，揉搓成面团，擀成面皮。

3. 刷上一层食用油，卷成长条状，切成几个小剂子。

4. 将小剂子擀成饼状，制成生坯，放入油锅，煎约3分钟至两面焦黄色取出装盘即可。

POINT 葱油饼生坯不宜太厚，否则不易熟透。

no.**4** 上桌点评 ★★★★☆

>> 葱油饼美称中国式的披萨，用料简单，做法也极易，无论是切着吃、撕着吃，还是蘸酱吃，都十分美味。

珍珠丸子

烹饪时间：**25分钟**
适宜对象：一般人群

no.**1** 材料准备

◆原料： 五花肉泥250克，水发糯米350克，马蹄50克

◆调料： 盐、味精、生抽、淀粉、白糖各适量

no.**2** 美食做法

1. 肉泥加生抽、盐、味精拌匀打至上劲，倒入剁成末的马蹄肉和少许淀粉拌匀，打至起浆。

2. 糯米加淀粉拌匀，将肉泥分成数个丸子，逐个均匀裹上糯米装盘，慢火蒸20分钟至熟取出。

3. 锅中加少许清水，加适量白糖拌匀，煮至化开后加入水淀粉调成甜汁，浇在糯米丸子上即成。

TIPS 糯米泡发后要去除多余的水分。

---

no.**1** 材料准备

◆原料： 低筋面粉500克，牛奶50毫升，泡打粉7克，酵母5克，白糖100克，奶黄馅适量

no.**2** 美食做法

1. 低筋面粉倒在台上用刮板开窝，加入泡打粉、白糖；酵母加牛奶搅匀，倒入窝中，加少许清水，刮入面粉混合均匀，揉成面团。

2. 再揉搓成长条状，揪成剂子，擀成中间厚四周薄的包子皮，取奶黄馅放上，收口捏紧，成球状生坯，粘上包底纸放蒸笼里发酵1小时。

3. 放入烧开的蒸笼里，加盖大火蒸6分钟，取出即可。

贵妃奶黄包

烹饪时间：**10分钟**
适宜对象：一般人群

TIPS 包子皮一定要擀得中间厚四周薄。

红油豆腐花

烹饪时间：**1分30秒**
适宜对象：一般人群

no.**1** 营养 / 功效

\>\> 豆腐花营养丰富，含有糖类、植物油和丰富的优质蛋白。常食豆腐花可补中益气、清热润燥、生津止渴、清洁肠胃。

no.**2** 材料准备

◆**食材** 豆腐花……300克

蒜末、葱花各少许

◆**调料：** 盐2克，鸡粉、芝麻油、辣椒油、生抽各适量

no.**3** 美食做法

1. 将准备好的豆腐花装入盘中，把蒜末和葱花倒入碗中。

2. 加入少许辣椒油、芝麻油、盐、鸡粉、生抽。

3. 用勺子将碗中的调味料拌匀。

4. 把拌好的调味料浇在豆腐花上即成。

POINT 吃的时候不要全搅散了，一勺一勺舀着吃，口感更佳。

no.**4** 美味再一道

花生米拌豆腐花

烹饪时间：**3分钟**
适宜对象：儿童

//做法//

豆腐花里放蒜末、葱花、陈醋、生抽、盐、鸡粉，再淋入少许芝麻油，放入炸熟的花生米即可。

no.5 上桌点评★★★☆☆

>> 热烈的红油，清冷的白豆腐，浓重与清新相遇，嫩滑的口感，独特的味道，谁说豆腐花只有甜的好吃？

香炸鱼丸

烹饪时间：**5**分钟
适宜对象：一般人群

no.**1** 材料准备

◆**原料**：鲮鱼肉泥500克，肥肉丁100克，食用油30毫升，生粉35克，马蹄粉20克，陈皮末10克，食粉3克，面包糠适量

◆**调料**：盐2克，鸡粉2克，芝麻油3毫升，食用油适量

no.**2** 美食做法

1. 鱼肉泥装碗，加入食粉和水搅拌起浆，放盐、鸡粉、陈皮、葱花和水拌匀，加入马蹄粉混合生粉和水调成的粉糊，加入肥肉丁、食用油、芝麻油拌匀，制成丸子馅料。

2. 取馅料捏成丸子状，裹上面包糠制成生坯，放入油锅炸至金黄色，捞出沥干油，分装盘即可。

TIPS 油温保持在150℃左右为宜。

no.**1** 材料准备

◆**原料**：熟土豆块180克，蛋液65克，肉末90克，葱花少许，生粉35克

◆**调料**：盐、鸡粉各2克，食用油适量

no.**2** 美食做法

1. 熟土豆块用勺子压成泥状，倒入肉末、葱花、蛋液、适量生粉、盐、鸡粉拌匀。

2. 盘里撒上适量生粉，将制好的土豆泥捏成丸状，放入盘中，撒上生粉压成饼状，制成生坯。

3. 土豆生坯放入油锅，油炸约3分钟至金黄色，沥干油装盘即可。

炸土豆饼

烹饪时间：**7**分钟
适宜对象：一般人群

TIPS 在炸制土豆饼时注意翻面，以防炸煳。

扫二维码 跟视频同做美食

金龙麻花

烹饪时间：100分钟
适宜对象：一般人群

no.1 营养 / 功效

>> 鸡蛋含有蛋白质、卵磷脂、蛋黄素及多种维生素、矿物质，具有益智健脑、养心安神、增强免疫力等功效。

no.2 材料准备

◆食材

酵母……5克　鸡蛋液……20毫升

食用油……120毫升

低筋面粉……300克　白糖……100克　泡打粉……5克

no.4 上桌点评 ★★★★

>> 麻花原是宫廷食品，如今家常金龙麻花的做法非常简单易学，原料就地取材，色泽红润，酥脆甜香。

no.3 美食做法

1. 将低筋面粉倒在案台上用刮板开窝，加入白糖、酵母、泡打粉。

2. 加入少许清水、鸡蛋液、食用油混合均匀，揉搓成纯滑的面团。

3. 将面团放入碗中包上保鲜膜，静置发酵90分钟取出，搓成长条，切成粗条。

4. 将粗条搓成细长条，两端连接在一起，扭成麻花状制成生坯。

5. 在生坯上撒上白糖，放入油锅油炸约4分钟至两面金黄色，捞出即可。

POINT ▶ 还可以撒芝麻和加入少量果脯，炸制过程中要不断翻动，以免黏锅。

no.4 上桌点评 ★★★☆☆

>> 在家用烤箱就可以做出的美味香葱烧饼，葱香味和饼香味从烤箱溢出，让人迫不及待，午后健胃消食的佳品。

扫二维码
跟视频同做美食

香葱烧饼

烹饪时间：90分钟
适宜对象：一般人群

no.1 营养 / 功效

>> 葱含有维生素A原、食物纤维、果胶及磷、铁、镁等矿物质，可明显地减少结肠癌的发生概率。此外，葱所含的蒜辣素也可以抑制癌细胞的生长。

no.2 材料准备

◆ 食材

清水 …… 250毫升
泡打粉 …… 15克
酵母 …… 5克
葱 …… 200克
面粉 …… 500克
牛油 …… 10克
砂糖 …… 100克

no.3 美食做法

1. 将面粉置于案板上，扒窝，加入砂糖、酵母，泡打粉洒在面粉上，在窝中加入清水，拌至糖溶化。

2. 拌入面粉拌匀，直到搓成纯滑的面团，静置饧发30分钟，将葱花和牛油拌匀制成馅料。

3. 将饧发好的面团擀薄，放上葱花馅，卷成长条状，切开做成饼坯，静置30分钟。

4. 在饼坯的表面刷上少许水，粘上芝麻，以上火180℃、下火150℃的炉度烤12分钟左右，直到散发出香味时取出即可。

POINT ▷ 清水不要喷太多，表面沾湿即可。

no.1 营养 / 功效

>> 红茶含有胡萝卜素、氨基酸、咖啡碱、钙、磷、镁、钾等营养成分，具有清热解毒、延缓衰老、增进食欲、消除水肿等功效。

no.3 美食做法

1. 把低筋面粉倒在案台上，用刮板开窝，倒入糖粉，加入蛋黄拌匀，加入黄奶油、红茶，将材料混合均匀，搓成面团。

2. 将面团搓成长条状，用保鲜膜包裹好，再放入冰箱，冷冻2小时至定形。

3. 取出冻好的材料，撕去保鲜膜，用刀切数个饼坯，放入铺有高温布的烤盘中。

POINT 把饼坯切薄一点更容易烤熟。

4. 将烤盘放入烤箱，以上火160℃、下火160℃烤18分钟至熟，取出装盘即可。

no.4 上桌点评 ★★★☆

>> 酥脆的小酥饼里透出茶香，味道香甜独特，值得在惬意的午后好好享受。

扫一扫 跟视频同做美食

红茶小酥饼

烹饪时间：**145**分钟
适宜对象：一般人群

no.2 材料准备

◆食材

糖粉……30克
蛋黄……11克
黄奶油……100克
低筋面粉……143克
锡兰红茶……4.5克

糯米糍

烹饪时间：**15**分钟
适宜对象：女性

no.2 材料准备

◆**食材**
椰蓉……100克　莲蓉……150克　樱桃……1个
糯米粉……500克　白糖……175克　猪油……150克　澄面……100克

◆**调料**：食用油适量

no.1 营养 / 功效

>> 椰蓉含有糖类、脂肪、蛋白质、B族维生素、维生素C及钾、镁等营养成分，具有清凉解渴的功效，能补充细胞内液，养颜美容。

no.3 美食做法

1. 将小麦澄粉倒入容器，分次倒入开水拌匀，将澄粉倒在操作台上揉成糊状，撕扯开倒入细砂糖揉匀，再撕开，放上猪油揉搓片刻。

2. 分两次加入水磨糯米粉揉搓，加入色拉油揉匀成形，取一个适量大小面团，洒上少许水揉匀，搓成长条状，撕扯出适量大小剂子放好。

3. 将小剂子搓圆压扁，取莲蓉馅放在面皮上，捏合边沿，搓圆，制成糯米糍生坯。

POINT 包馅的时候，在旁边准备一碗冷开水，感觉黏手就蘸一下就好了。

4. 将糯米糍生坯放入煮热的蒸锅中，加盖，大火蒸10分钟至熟，取出放入椰蓉碗中，均匀地裹上椰蓉，装盘即成。

no.4 上桌点评 ★★★☆

>> 雪白的糯米包住甜蜜的莲蓉，再沾上香喷喷的椰蓉，简单几步就做出了软韧适中、香甜可口的糯米糍。

no.4 上桌点评 ★★★★

>> 西式培根结合中式豆腐，别有一番风味，培根味浓，豆腐味淡，软硬结合，口感和味道都是绝佳体验。

扫二维码 跟视频同做美食

培根豆腐卷

烹饪时间：4分钟
适宜对象：儿童

no.1 营养 / 功效

>> 豆腐含有铁、钙、磷、镁等人体必需的营养元素，对儿童生长发育非常有利。常食豆腐可补中益气、清热润燥、生津止渴、清洁肠胃，对热性体质、口臭口渴、肠胃不清等有食疗作用。

no.2 材料准备

◆食材

豆腐……200克

培根……130克

熟芝麻、葱花各少许

◆调料：盐4克，鸡粉4克，生粉、食用油各适量

no.3 美食做法

1. 水锅烧开，加入少许盐、鸡粉，放入切成条状的豆腐，汆煮1分30秒。

2. 捞出沥干水分，撒上生粉，均匀地裹在豆腐上备用。

3. 取培根，放上豆腐条卷起来，制成豆腐卷生坯装盘。

POINT ▶ 用手指蘸一点水涂抹在培根的卷口处，可防止豆腐卷炸的时候散开。

4. 煎锅中倒油烧热，豆腐卷生坯，用小火煎至成形，翻面，煎至培根呈焦黄色，装盘撒上葱花、白芝麻即可。

no.4 上桌点评 ★★★☆☆

>> 是否吃腻了麦当劳肯德基万年不变的薯条，何不自己试试健康美味的奶香红薯条，绝对营养。

奶香薯条

烹饪时间：**4**分钟
适宜对象：儿童

no.1 营养 / 功效

>> 红薯含有蛋白质、淀粉、果胶、纤维素、维生素及多种矿物质，具有保护心脏、促进消化、增强记忆力等功效。

no.2 材料准备

◆**食材**

黄油……40克

红薯……350克

◆**调料**：白糖15克，食用油少许

no.3 美食做法

1. 红薯切成条放入清水中，加拌匀，静置片刻。

2. 锅中注入适量清水烧开，放入红薯条煮约1分30秒至其断生，捞出沥水待用。

POINT ▶ 红薯条可放微波炉用小火热几分钟，使其失去一些水分，降低黏性。

3. 热锅注油烧至五六成热，放入红薯条搅匀，中火炸约2分钟至金黄色，捞出沥水待用。

4. 另起锅，放入黄油，用小火炒至溶化，倒入红薯条炒香，加入白糖，炒约1分30秒至其入味，装盘即可。

第八章

好神奇！
三种食材以内就能完成一道美食

走进菜市场总是不知道要买什么食材来凑一桌
美食，很简单，不需要硕大的需要扛回家的菜
篮子，三种食材以内就能解决，端出一道无与
伦比的美味，省钱又省事，何乐而不为呢？

剁椒鱼头

烹饪时间：**13**分钟
适宜对象：一般人群

no.2 材料准备

◆**食材**　剁椒……130克

鲢鱼头……450克

葱花、葱段、蒜末、姜末、姜片各适量

◆**调料**：盐2克，味精、蒸鱼豉油、料酒各适量

no.1 营养 / 功效

>> 鱼头肉质细嫩，除了含蛋白质、钙、磷、铁、维生素B_1之外，它还含有卵磷脂，可增强记忆、思维和分析能力，使人变得更聪明。

no.3 美食做法

1. 鱼头洗净切成相连的两半，且在鱼肉上划上一字刀，用适量料酒抹匀鱼头，鱼头内侧再抹上盐和味精。

POINT ▸ 在鱼两侧划纹时，走刀不要太深，否则易散。

2. 将剁椒、姜末、蒜末装入碗中，加少许盐、味精抓匀，调好味的剁椒铺在鱼头上，将鱼头翻面，再铺上剁椒，再放上葱段和姜片腌渍入味。

3. 蒸锅注水烧开，放入鱼头，加盖，大火蒸约10分钟至熟透，取出挑去姜片和葱段，淋上蒸鱼豉油，撒上葱花，另起锅烧油，将热油浇在鱼头上即可。

no.4 上桌点评 ★★★★☆

>> 属于湘菜的香辣诱惑，白嫩嫩的鱼头和火辣辣的剁辣椒鲜辣交融，风味独特。

地三鲜

烹饪时间：**3分钟**
适宜对象：一般人群

TIPS 土豆块如不马上烧煮需用水浸泡。

no. **1** 材料准备

◆原料：五花肉300克，红薯粉条100克，干辣椒、桂皮、花椒、八角、姜、葱各适量
◆调料：盐、味精、糖色各适量

no. **2** 美食做法

1. 粉条泡发，五花肉切块，姜切片，葱切段，将五花肉加少许糖色拌匀上色，倒入油锅炒至表皮焦黄。

2. 下入花椒、干辣椒、八角、桂皮，葱段、姜片翻炒香，加入粉条拌匀，倒入清水，加盖大火烧开后转小火炖8分钟至肉块、粉条熟透。

3. 加适量盐、味精调味，撒入葱段拌匀，出锅装碗即成。

no. **1** 材料准备

◆原料：土豆100克，茄子100克，青椒15克，姜片、蒜末、葱白各少许
◆调料：盐3克，味精3克，白糖3克，蚝油、豆瓣酱、水淀粉各适量

no. **2** 美食做法

1. 青椒切小块，土豆切块，茄子切丁，油锅烧热，先后倒入土豆和茄子炸至金黄色捞出。

2. 锅底留油，倒入姜片、蒜末、葱白爆香，倒入土豆，加少许清水，加盐、味精、白糖、蚝油、豆瓣酱炒匀，中火煮片刻后倒入茄子。

3. 加入切好的青椒炒匀，加水淀粉勾芡，快速翻炒匀，盛出装盘即可。

猪肉炖粉条

烹饪时间：**10分钟**
适宜对象：女性

TIPS 炖肉时火候以保持小火水沸微开为好。

土豆烧牛肉

烹饪时间：**8分钟**
适宜对象：一般人群

no.1 营养 / 功效

>> 土豆淀粉在体内被缓慢吸收，不会导致血糖过高，可用作糖尿病患者的食疗。土豆所含的粗纤维，可促进胃肠蠕动。

no.2 材料准备

◆**食材**

 土豆……150克

 牛肉……250克

 洋葱……100克

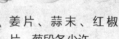 姜片、蒜末、红椒片、葱段各少许

◆**调料**：食用油30毫升，盐、食粉、生抽、味精、鸡粉、豆瓣酱、蚝油、水淀粉各适量

no.3 美食做法

1. 土豆、洋葱、牛肉切成片；牛肉片加入少许食粉、生抽、味精、盐，拌匀，加入水淀粉拌匀，加入少许食用油，腌渍10分钟。

   POINT 土豆切好后可放入清水中浸泡片刻，去除淀粉，这样炒出来的土豆不会很黏，吃起来口感更爽脆。

2. 锅中注入清水烧热，加入少许食用油拌匀，加盐拌匀烧开后放入土豆片，煮约1分钟至熟，捞出备用；再倒入牛肉，氽至转色即可捞出，倒入油锅滑油片刻，捞出备用。

3. 油锅倒入姜片、蒜末、红椒片炒香，倒入葱段炒匀，倒入洋葱、土豆片、牛肉翻炒；加入鸡粉、蚝油、豆瓣酱炒匀，调至入味；加入少许水淀粉勾芡，撒入葱叶炒匀，盛盘即可。

no.4 美味再一道

青豆烧牛肉

烹饪时间：**3分钟**
适宜对象：一般人群

// 做法 //

青椒、红椒切成丁，牛肉丁加少许食粉、盐、生抽、生粉拌匀，腌渍10分钟，与煮熟的青豆烧制而成。

no.**5 上桌点评★★★★☆**

>> 煮过的土豆粉嫩可口，牛肉劲道味浓，
两种食材都很抢手，荤素搭配，营养健康。

豉汁蒸排骨

烹饪时间：**17**分钟
适宜对象：儿童

no.**1** 营养／功效

>> 排骨的营养价值很高，含有丰富的维生素、磷酸钙、骨胶原、骨黏蛋白等，具有滋阴壮阳、益精补血、强壮体格的功效。

no.**2** 材料准备

◆**食材** 排骨……500克

豆豉……20克

葱段、蒜末、姜末各少许

◆**调料**：老抽、生抽、盐、白糖、味精、鸡精、柱侯酱、芝麻油、食用油各适量

no.**3** 美食做法

1. 将斩好的排骨装入碗中，加入少许盐、白糖、味精、鸡精、料酒，腌渍入味。

2. 锅中注入少许食用油烧热，倒入姜末、蒜末、葱白、豆豉末，炒出香味，转小火淋入少许老抽、生抽，注水，加盐、白糖、味精、柱侯酱，拌炒至入味。

3. 淋入少许芝麻油，拌匀制成豉汁，撒在排骨上，拌匀入味，撒上生粉拌匀，放入少许芝麻油，拌至入味。

4. 放入蒸锅，中火蒸约15分钟至材料熟透，撒上葱叶，浇入少许热油即成。

POINT 排骨在烹饪前先氽水，水分沥干，这样蒸出来的排骨味道更纯正，口感更清爽。

no.**4** 美味再一道

芋头蒸排骨

烹饪时间：**18**分钟
适宜对象：男性

// 做法 //

排骨腌渍10分钟，小火炸芋头至熟装盘。腌好的排骨放入装有芋头的盘中间，放些香菇中火蒸约15分钟，淋上少许豉油即可。

no.5 上桌点评 ★ ★ ★ ☆ ☆

>> 经典菜式，排骨的多种做法里面这道简单又美味，蒸的时候闻到豉香和排香就蠢蠢欲动啦！

^{no.}**4 上桌点评**★★★☆☆

>> 鸡肉是饭桌上的常客，嫌清炖的鸡汤不够味？让小鸡炖蘑菇来刺激你的味蕾，蘑菇衬托鸡肉的鲜香，滋补美味。

扫二维码 跟视频同做美食

小鸡炖蘑菇

烹饪时间：**5**分钟
适宜对象：**女性**

^{no.}**1 营养/功效**

>> 鸡肉具有温中益气、益五脏、健脾胃的功效，对营养不良、畏寒怕冷、乏力疲劳、贫血等有很好的食疗作用。鸡皮所含的胶原蛋白，能补充人体所缺的水分，具有延缓皮肤衰老、增加皮肤弹性的作用。

^{no.}**2 材料准备**

◆**食材**

蘑菇……100克

泡发红薯粉条
……120克

熟鸡肉……400克

葱段20克，蒜片、红椒片、姜片各10克，八角、桂皮、干辣椒各适量，十三香少许

◆**调料**：盐4克，水淀粉10毫升，蚝油、料酒、老抽、味精、鸡粉、白糖、食用油各适量

^{no.}**3 美食做法**

1. 熟鸡肉斩成块，泡软的粉条切段，锅中加水烧开，倒入粉条煮至变软，捞出装碗，倒入切好的蘑菇，焯熟后捞出装碗。

2. 鸡块滑油片刻捞出，锅底留油，倒入干辣椒、八角、桂皮炒香；倒入姜片、蒜片炒匀；放入蘑菇，再倒入鸡肉。

3. 加入料酒、老抽、蚝油、盐、味精、白糖、鸡粉炒半分钟调味，将粉条倒入锅中炒匀，加入少许十三香炒匀。

POINT 加少许香油或红油可以使味道更鲜香。

4. 倒入红椒片炖煮片刻；加入少许水淀粉勾芡，倒入葱段拌炒至熟透，盛出装碗即成。

no.1 营养 / 功效

>> 土豆中含有丰富的膳食纤维，有促进肠胃蠕动、疏通肠道的功效。土豆还含有大量的优质纤维素、大量微量元素，具有抗衰老的功效。

no.3 美食做法

1. 土豆对切成大块，鸡肉切成小块，放入碗中，加少许盐、生抽、鸡粉，拌匀入味。

2. 淋入料酒拌匀，倒上水淀粉拌匀上浆，油锅烧至四成热，放入土豆块拌匀，使其均匀受热，炸至金黄色，捞出备用。

POINT 将土豆先用少许生粉裹匀表面，再放入锅中油炸，这样不会破坏其粉嫩的口感。

3. 锅中留少许油，下入姜片、蒜末，大火爆香，倒入鸡块翻炒匀，淋入料酒炒匀提味，再放入豆瓣酱、生抽、蚝油炒香。

4. 注入少许清水收拢食材，倒入土豆块，调入盐、鸡粉拌匀调味，加盖，小火焖煮至食材熟软，揭盖，转用大火收浓汁水，翻炒片刻，撒上葱段，炒出葱香味，出锅盛盘即成。

no.4 上桌点评 ★★★☆

>> 这道菜的土豆比鸡块更抢手，土豆吸收了鸡肉的香味，口感粉嫩，有素有肉，搭配下饭最可口。

扫二维码 跟视频同做美食

土豆焖鸡块

烹饪时间：**5分30秒**
适宜对象：一般人群

no.2 材料准备

◆**食材**　鸡肉……350克　土豆……300克　姜片、蒜末、葱段各少许

◆**调料**：豆瓣酱15克，盐6克，鸡粉4克，蚝油5克，生抽8毫升，料酒10毫升，水淀粉、食用油各适量

蒜烧黄鱼

烹饪时间：**5**分**30**秒
适宜对象：高血压病者

no.**1** 营养 / 功效

>> 黄鱼含有多种维生素和微量元素，对人体有很好的滋补作用，能促进血液中毒素和胆固醇的代谢。

no.**3** 美食做法

1. 大蒜切成片，黄鱼切上一字花刀，装入盘中，放少许盐、生抽、料酒将鱼身抹均匀，腌渍15分钟，均匀地撒上适量生粉。

2. 热锅注油烧至六成熟，放入腌好的黄鱼，炸至金黄色捞出待用。

3. 锅底留油，放入蒜片，加入姜片、葱段，爆香，加入适量清水，放入少许盐、鸡粉、白糖，淋入生抽、蚝油、老抽拌匀，煮沸，放入炸好的黄鱼，煮2分钟至入味。

4. 将黄鱼盛出装入盘中，锅中淋适量水淀粉调成浓汤汁，盛出浇在黄鱼上，放香菜点缀即可。

POINT 黄鱼不宜经常翻动，可以用勺子舀汤汁淋在鱼上，使黄鱼均匀入味。

no.**2** 材料准备

◆**食材**　大蒜……35克
黄鱼……400克
姜片、葱段、香菜各少许

◆**调料**：盐3克，鸡粉2克，生抽8毫升，料酒8毫升，生粉35克，白糖3克，蚝油7克，老抽2毫升，食用油适量

no.**4** 黄鱼刀工详解

黄鱼一字刀

>> 黄鱼常见的改刀法是切一字刀，便于入味。

// 做法 //

① 取一条处理干净的黄鱼。

② 用刀将鱼头切掉。

③ 用平刀将黄鱼对半切开。

④ 接着将一半鱼肉从鱼骨上片下来。

⑤ 在鱼肉上切一字刀，深度是鱼肉的4/5。

⑥ 在整块鱼上依此切上均匀的一字花刀。

no.5 上桌点评★★★★☆

>> 黄鱼肉质特别香美，深水鱼没有河水鱼的土腥味，但不太好消化，配上助消化的大蒜就是绝配了。

臊子冬瓜

烹饪时间：**5分钟**
适宜对象：女性

no.1 材料准备

◆原料：冬瓜500克，五花肉150克，榨菜100克，蒜末、葱段各少许
◆调料：盐、白糖、鸡精、老抽、蚝油、料酒、高汤、水淀粉、食用油各适量

no.2 美食做法

1. 冬瓜切上网格花刀再切成小块，五花肉、榨菜均剁成末；热锅注油，放入蒜末、葱白爆香，倒入肉末炒至白色，倒入榨菜，翻炒均匀，倒入高汤，放冬瓜拌匀。

2. 加盖，用中火焖煮至熟，转小火，揭盖加盐、白糖、鸡精、老抽、蚝油、料酒拌匀入味。水淀粉勾芡，撒上葱叶拌匀，出锅盛盘即成。

TIPS 在冬瓜上切上花刀时可以深一些。

no.1 材料准备

◆原料：鲜玉米粒200克，胡萝卜70克，豌豆180克，姜片、蒜末、葱段各少许
◆调料：盐3克，鸡粉2克，料酒4毫升，水淀粉、食用油各适量

no.2 美食做法

1. 胡萝卜切粒，水烧开，加入少许盐、食用油，放入胡萝卜粒，倒入洗净的豌豆、玉米粒搅匀，再煮1分30秒断生，捞出沥水待用。

2. 油锅放入姜片、蒜末、葱段，爆香，倒入焯煮好的食材炒匀，淋入料酒炒香；加入鸡粉、盐翻炒至食材入味，倒入水淀粉勾芡，盛出炒好的食材，装盘即成。

豌豆炒玉米

烹饪时间：**1分30秒**
适宜对象：糖尿病者

TIPS 豌豆汆水时加上盖能缩短焯煮时间。

跟视频同做美食
扫二维码

粉蒸肉

烹饪时间：**22分钟**
适宜对象：糖尿病患者

no.1 营养 / 功效

>> 南瓜中含有丰富的微量元素钴和果胶。钴的含量较高，是其他任何蔬菜都不可相比的，它是胰岛细胞合成胰岛素所必需的微量元素，所以，常吃南瓜有助于防治糖尿病。果胶则可延缓肠道对糖和脂质的吸收。

no.2 材料准备

◆食材

五花肉……350克

蒜末、葱花各少许

南瓜……400克

蒸肉粉……35克

◆调料：盐4克，生抽3毫升，鸡精3克，食用油适量

no.3 美食做法

1. 南瓜、五花肉切成片，肉片装入盘中，放蒜末，加入生抽、盐、鸡精拌匀，加入蒸肉粉拌匀，腌渍15分钟入味。

POINT 五花肉腌渍时必须先沥干肉面水分，蒸南瓜和五花肉时火候不可太大。

2. 将切好的南瓜摆入盘中，摆上切好的肉片。

3. 将南瓜、五花肉放入蒸锅，加盖，中火蒸20分钟至熟透。

4. 揭盖，将粉蒸肉取出，撒上葱花，浇上少许热油即可。

扫二维码 跟视频同做美食

青豆烧肥肠

烹饪时间：**12**分钟
适宜对象：一般人群

no.**1** 营养 / 功效

>> 青豆含有皂角苷、蛋白酶抑制剂、异黄酮、钼、硒等成分，具有补肝养胃、滋补强壮、增强免疫力等功效。

no.**2** 材料准备

◆**食材**

熟肥肠……250克

青豆……200克

泡朝天椒……40克

姜片、蒜末、葱段各少许

◆**调料**：豆瓣酱30克，盐2克，鸡粉2克，花椒油4毫升，料酒5毫升，生抽4毫升，食用油适量

no.**3** 美食做法

1. 肥肠切成小段，泡朝天椒切成圈，油锅烧热，倒入泡朝天椒、豆瓣酱炒香。

POINT 切肥肠时可以将里面的油脂割掉，以免口感油腻。

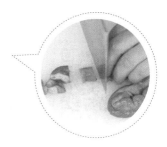

2. 倒入姜片、蒜末、葱段，翻炒，倒入肥肠、青豆翻炒片刻，淋入少许料酒、生抽翻炒匀。

3. 注入适量清水，加入盐搅匀，盖上锅盖，中火煮10分钟至入味。

4. 掀开锅盖，加入少许鸡粉、花椒油，翻炒提鲜，使食材更入味，盛出装盘即可。

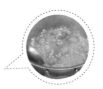

no.**4** 美味再一道

豆腐焖肥肠

烹饪时间：**34**分钟
适宜对象：一般人群

// 做法 //

肥肠加生抽、料酒炒香，倒入蒜片、葱段炒出香味，加水、豆腐、料酒、盐，用小火焖30分钟，放红椒片大火收汁，勾芡即可。

no.**5** 上桌点评★★★☆☆

>> 绿汪汪的青豆，质地软烂的肥肠，香辣
的味道极其诱惑，且色泽红亮，是米饭杀手
的不二之选。

扫二维码 跟视频同做美食

东坡肉

烹饪时间：**37**分钟
适宜对象：一般人群

no.2 材料准备

◆ 食材

五花肉……1000克

大葱……30克

生菜叶……20克

◆ 调料：盐2克，冰糖、红糖、老抽、食用油各适量

no.1 营养 / 功效

>> 五花肉富含的铜是人体健康不可缺少的微量元素，对于血液、中枢神经、免疫系统以及肾等内脏的发育和功能有重要作用。

no.3 美食做法

1. 锅中注水，放入五花肉，加盖煮约2分钟，揭盖，用竹签在五花肉上扎孔，加盖再煮约1分钟氽去血水，捞出抹老抽上色。

2. 热锅注油烧热，放入五花肉，加盖炸片刻后捞出，用刀将五花肉修齐整，切成长方形的小方块装盘备用。

POINT 切五花肉时，将其切成厚度一致的肉块，吃起来口感更佳。

3. 大葱切3厘米长的段装入碟中，锅底留油，加冰糖，倒水，放少许红糖、老抽、大葱，煮约1分钟至冰糖、红糖溶化，加盐，放入切好的肉块。

4. 加盖小火焖30分钟，揭盖烧煮约4分钟，拌炒收汁，生菜叶垫于盘底，将东坡肉夹入盘中，浇上少许汤汁即成。

no.4 上桌点评★★★★

>> 历史悠久的名菜，肉质酥烂而香糯，肥而不腻口，味醇汁浓，摆上桌既显示厨艺，又非常好看。

扫二维码　跟视频同做美食

麻婆豆腐

烹饪时间： 5分钟
适宜对象： 一般人群

no.1 营养 / 功效

>> 豆腐的蛋白质含量比大豆高，不仅含有人体必需的8种氨基酸，且其比例也接近人体需要，其丰富的大豆卵磷脂有益于神经、血管、大脑的生长发育，豆腐在健脑的同时，所含的豆固醇还能抑制胆固醇的摄入。

no.2 材料准备

◆ 食材
牛肉末……70克
蒜末、葱花各少许
嫩豆腐……500克

◆ 调料：食用油35毫升，豆瓣酱35克，盐、鸡粉、味精、辣椒油、花椒油、蚝油、老抽、水淀粉各适量

no.3 美食做法

1. 锅中注水烧开并加盐，倒入切成小块的豆腐煮约1分钟至入味，捞出备用。

POINT 豆腐入热水中焯烫一下，这样在烹饪的时候比较结实不容易散。

2. 油锅烧热，倒入蒜末炒香，倒入牛肉末翻炒变色，加入豆瓣酱炒香，注水，加蚝油、老抽拌匀，加入盐、鸡粉、味精炒至入味。

3. 倒入豆腐，加入辣椒油、花椒油轻轻翻动，改用小火煮约2分钟至入味。加入水淀粉勾芡，撒入葱花炒匀，盛盘后再撒入少许葱花即可。

扫二维码 跟视频同做美食

清蒸鲫鱼

烹饪时间：**7**分钟

适宜对象：孕产妇

no.**1** 营养 / 功效

>> 鲫鱼含有丰富的硒元素，经常食用有抗衰老、养颜的功效，而且鲫鱼肉嫩而不腻，还能开胃、滋补身体。

no.**3** 美食做法

1. 将洗净的葱条垫于盘底，放上宰杀洗净的鲫鱼，铺上姜片，再撒上少许盐，腌渍片刻。

2. 将盘放入蒸锅，盖上盖子，用中火蒸5分钟至鲫鱼熟透。

POINT 蒸鲫鱼时，必须水沸后再入锅蒸煮，这样才能锁住鱼肉本身的鲜味。

3. 取出蒸好的鲫鱼，拣去姜片和葱条。再放上姜丝、葱丝、红椒丝，撒上少许胡椒粉调味，再浇上少许热油。

4. 另起锅，倒入蒸鱼豉油烧热，淋入盘中即成。

no.**2** 材料准备

◆ **食材**

鲫鱼……400克

葱丝、红椒丝、姜丝、姜片、葱条各少许

◆ **调料**：盐3克，蒸鱼豉油、胡椒粉、食用油各适量

no.**4** 鲫鱼的刀工详解

鲫鱼切一字刀

>> 鲫鱼经一字刀工处理后，便于烹饪入味，食用方便。

// 做法 //

① 取洗净鲫鱼，从鲫鱼的尾部开始切一字刀刀纹。

② 在鱼肉上垂直切深浅适当的一字刀。

③ 在整条鲫鱼上切刀距、刀纹深浅一致的一字刀。

no.5 上桌点评 ☆☆☆☆☆

>> 清蒸鲫鱼是有名的粤菜，鲜香肥美的鲫鱼经过清蒸，最大程度上保留了鱼肉的鲜嫩原味，是饭桌上不可或缺的美味佳肴。

扫二维码 跟视频同做美食

梅菜扣肉

烹饪时间：**132**分钟
适宜对象：一般人群

no.2 材料准备

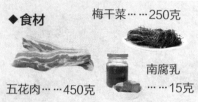

◆食材

梅干菜……250克

南腐乳……15克

五花肉……450克

蒜末、葱末、姜末各10克，八角末、五香粉各少许

◆调料：盐3克，白糖、味精、老抽、白酒、糖色、食用油各适量

no.1 营养 / 功效

>> 猪肉营养丰富，富含维生素B₁和锌等，是人们最常食用的动物性食品之一，具有滋养脏腑、滑润肌肤、补中益气、滋阴养胃等功效。

no.3 美食做法

1. 五花肉加盖氽煮约1分钟，夹出后用竹签在肉皮上扎孔，均匀地抹上糖色；梅干菜切碎末。

POINT ▶ 用竹签在五花肉的肉皮上扎满孔能使调料更好地进入肉皮里。

2. 五花肉炸至肉皮呈深红色捞出放入水中待用，热油锅放入蒜末，倒入梅干菜略炒，加盐、白糖炒入味，盛出装盘。

3. 五花肉切片，油锅放入所有的配料煸炒香，倒入肉片翻炒，加少许白糖、味精、老抽、白酒、清水煮沸制成汤汁。

4. 将肉片码碗内，取梅干菜放肉片之间和表面，淋入汤汁，蒸2小时，端出扣在盘中，锅中注油，倒入南乳汤汁、老抽拌匀，加水淀粉拌匀，制成稠汁浇在五花肉上即成。

no.4 上桌点评 ★★★☆

>> 浓郁芳香的梅菜吸去了五花肉的油分，软烂醇香的五花肉带着梅菜的清香，汤汁黏稠鲜美，让人大快朵颐。

咸鱼茄子煲

烹饪时间：4分钟
适宜对象：一般人群

no.1 材料准备

◆**原料：** 茄子350克，咸鱼100克，肉末30克，蒜末、姜片、红椒粒、葱段各少许

◆**调料：** 盐、白糖、味精、老抽、生抽、料酒、海鲜酱、水淀粉、芝麻油、食用油各适量

no.2 美食做法

1. 茄子切小块，放入淡盐水中浸泡，咸鱼肉切丁，茄子块炸好备用。

2. 咸鱼炒香，放肉末，大火炒变色，倒入配料翻炒均匀，淋入料酒，注入清水，放海鲜酱煮沸；放入茄子，加入调料翻炒均匀。

3. 将锅中材料盛入砂煲，放置大火上加盖煮沸，揭盖后撒上葱叶即成。

TIPS 炸茄子时油温不宜过高以免炸老。

---

no.1 材料准备

◆**原料：** 黄瓜170克，胡萝卜150克，土豆200克，蒜末、葱段各少许

◆**调料：** 盐3克，鸡粉2克，水淀粉5毫升，食用油适量

no.2 美食做法

1. 土豆、胡萝卜、黄瓜切成丁，锅中注水烧开，加入少许盐、食用油，先后倒入切好的胡萝卜、土豆丁、黄瓜煮约半分钟至断生，捞出沥水待用。

2. 油锅放入蒜末、葱段，爆香，倒入焯过水的食材翻炒匀，加入少许盐、鸡粉炒匀调味，倒入少许水淀粉勾芡，至食材熟透、入味关火后盛出装盘即成。

素炒三丁

烹饪时间：1分钟
适宜对象：高血压病者

TIPS 炒黄瓜的时间不宜太长，以免营养流失。

黄瓜酿肉

烹饪时间：**7**分钟
适宜对象：一般人群

no.**1** 营养 / 功效

>> 猪肉含有蛋白质、维生素B₁、钙、磷、铁等营养成分，具有促进生长发育、改善缺铁性贫血、增强记忆力等功效。

no.**2** 材料准备

◆**食材** 猪肉末……150克

黄瓜……200克

葱花少许

◆**调料**：鸡粉2克，盐少许，生抽3毫升，生粉3克，水淀粉、食用油各适量

no.**3** 美食做法

1. 黄瓜去皮，切段，做成黄瓜盅，装盘待用。

2. 在备好的肉末中加适量鸡粉、盐、生抽拌匀，放入适量水淀粉拌匀，腌渍片刻。

3. 锅中注入适量清水烧开，加入适量食用油，放入黄瓜段拌匀，煮至断生，捞出装盘待用。

4. 在黄瓜盅内抹上少许生粉，放入猪肉末备用，放入蒸锅中蒸5分钟至熟，撒上葱花即可。

 POINT 可以蒸得稍微久一点，以免猪肉蒸不熟。

no.**4** 美味再一道

青椒酿肉

烹饪时间：**4**分**30**秒
适宜对象：

//做法//

肉末与马蹄末、葱末、姜末拌匀，加入调料、蛋清拌匀，打至起浆备用，切好的青椒抹上少许生粉，放入肉馅，煎至熟透即可。

>> 鲜香的肉末搭配清香的黄瓜，清甜的黄瓜味渗到了肉丸里，咬一口鲜嫩多汁，绝对美味。

香干回锅肉

烹饪时间：**8**分钟
适宜对象：一般人群

no.1 营养 / 功效

>> 五花肉含有蛋白质、脂肪酸、维生素B$_1$、维生素B$_2$、烟酸等营养成分，具有补肾养血、滋阴润燥、增强免疫力等功效。

no.2 材料准备

◆**食材**
香干……120克
五花肉……300克
青椒、红椒……各20克
干辣椒、蒜末、姜片、葱段各少许

◆**调料**：盐2克，鸡粉2克，料酒4毫升，生抽5毫升，花椒油、辣椒油、豆瓣酱、食用油各适量

no.3 美食做法

1. 五花肉煮10分钟至熟软，捞出放凉待用，香干切片，青椒、红椒切小块，放凉的五花肉切薄片。

   POINT 五花肉不要切得太厚，炒的时候更易出油。

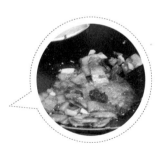

2. 油锅将香干炸香，捞出香干沥油待用，锅底留油放入肉片炒至出油，加入适量生抽炒匀，倒入姜片、蒜末、葱段、干辣椒大火炒香，加入豆瓣酱炒匀。

3. 倒入炸好的香干炒匀，加入少许盐、鸡粉、料酒炒至熟软。放入青椒、红椒炒匀，淋入花椒油、辣椒油炒至入味，关火盛出即可。

no.4 美味再一道

青椒回锅肉

烹饪时间：**2**分**30**秒
适宜对象：女性

//做法//

余好的五花肉切片炒干水汽，加调料、少许老抽炒上色，加配料炒香，放青椒、红椒炒断生，加少许豆瓣酱、水淀粉入味即成。

^{no.}**5** 上桌点评★★★★

>> 回锅肉香而不腻，香干润滑多汁，醇厚
而独特的味道，闻起来喷香，吃起来美味。

no.4 上桌点评 ★★★☆

>> 鸭肉透着啤酒的香味，味道浓厚，入口鲜香，风味独特，色香味俱全的一道美味。

扫二维码 跟视频同做美食

啤酒鸭

烹饪时间：**24分钟**
适宜对象：男性

no.1 营养 / 功效

>> 鸭肉含有蛋白质、维生素A、B族维生素、维生素E、钙、磷、钾等营养成分，具有补虚劳、滋五脏、清虚热、延缓衰老等功效，适合体质虚弱、营养不良、体内有热者食用。

no.2 材料准备

◆**食材**
啤酒……550毫升
葱少许
生姜、草果、干辣椒、桂皮、花椒、八角各适量
鸭肉……800克

◆**调料**：盐4克，味精、老抽、豆瓣酱、辣椒酱、蚝油、食用油各适量

no.3 美食做法

1. 草果拍破，生姜切片，放入鸭块汆煮约3分钟至断生，捞出并用清水洗净。

2. 炒锅注油烧热，放入各配料炒出香味，放入豆瓣酱炒片刻，再加入辣椒酱炒匀，倒入洗好的干辣椒拌炒匀。

3. 放入汆好的鸭块，翻炒均匀，倒入啤酒，加适量盐、味精拌匀，再加入少许老抽、蚝油，拌匀调味。

POINT ▸ 要去除鸭肉的腥味，可在鸭肉入锅后尽量将其水分炒出。

4. 盖上锅盖，小火焖煮20分钟至鸭肉熟烂，揭盖拌匀，出锅倒入碗中即成。

no.1 营养 / 功效

>> 土豆含有胡萝卜素，以及多种氨基酸等营养成分，其所含的维生素C可预防癌症和心脏病，并能增强免疫力。胃病和心脏病患者可常食土豆。鸡肉的营养也相当丰富，它所含有的脂肪酸多为不饱和脂肪酸，极易被人体吸收。因此，常食鸡肉可增强免疫力、强壮身体。

扫二维码　跟视频同做美食

大盘鸡

烹饪时间：**14**分钟

适宜对象：男性

no.2 材料准备

◆食材　土豆……300克　青椒……30克　干辣椒……7克　桂皮、八角、花椒、葱、大蒜各少许　光鸡……750克　生姜……15克

◆调料：盐、蚝油、糖色、啤酒各适量

no.3 美食做法

1. 青椒切片，土豆去皮切块，光鸡洗净斩块，用油起锅，倒入鸡块炒至断生，加少许糖色炒匀。

2. 倒入姜片、葱段、蒜末、干辣椒、花椒、桂皮，翻炒至鸡肉散发香味，倒入适量啤酒拌匀，倒入适量清水煮沸，倒入土豆块。

   POINT　土豆去皮后，如不马上烧煮，需用清水浸泡，以免发黑，但不能浸泡太久，以防营养成分流失。

3. 将土豆块拌匀，加盖焖煮8分钟至鸡肉和土豆熟透，加盐、蚝油调味，大火收汁，放入青椒片炒熟，撒入葱段拌匀，盛出装盘即可。

no.4 上桌点评 ★★★★☆

>> 色香味俱全的大盘鸡，鸡肉爽滑鲜美，土豆软糯甜润，香中有辣，粗中带细，而且经济实惠。

203

跟视频同做美食 扫二维码

红烧秋刀鱼

烹饪时间：**5.5**分钟
适宜对象：一般人群

no.1 营养 / 功效

>> 中医认为，秋刀鱼性平，味甘，有预防高血压、增进脑力、改善贫血、强化视力、延缓衰老的作用。另外，秋刀鱼体内含有丰富的蛋白质、脂肪，常食秋刀鱼对人体非常有益。

no.3 美食做法

1. 红椒切圈，秋刀鱼装盘加盐、鸡粉，淋少许生抽抹匀，撒上面粉抹匀，腌渍10分钟，放入油锅，炸约2.5分钟至焦香味捞出备用。

POINT 秋刀鱼腥味重，要把肚里的黑膜去除干净再烹饪。

2. 锅底留油，下姜片、蒜末、葱白、红椒炒香，淋入少许料酒，加入适量清水，加生抽、豆瓣酱、老抽、盐、鸡粉、白糖拌匀煮沸。

3. 放入秋刀鱼煮约2分钟入味，装盘，锅中原汤汁加适量水淀粉调匀制成浓汁，浇在秋刀鱼上即可。

no.2 材料准备

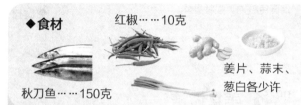

◆食材
红椒……10克
秋刀鱼……150克
姜片、蒜末、葱白各少许

◆调料：盐4克，料酒5毫升，生抽10毫升，豆瓣酱10克，老抽2毫升，白糖2克，水淀粉10毫升，鸡粉、料酒、食用油各适量

no.4 秋刀鱼的清洗详解

秋刀鱼的清洗

>> 从市场上买回的秋刀鱼，如果未经店铺处理，可以自己采取剖腹清洗法处理。

// 做法 //

① 用刀从秋刀鱼尾部到头部将鱼鳞刮除，冲洗干净。

② 剖开鱼腹。

③ 将鳃壳打开。

④ 去除内脏。

⑤ 把鱼鳃挖出，将黑膜冲洗掉。

⑥ 将鱼肉冲洗干净，沥去水分。

no.5 上桌点评★★★★★

>> 秋刀鱼肉多刺少，不管用来煎、炸或红烧都很美味，而红烧的秋刀鱼最大程度地保存了鱼肉的鲜美。

黄豆焖猪蹄

烹饪时间：**63**分钟
适宜对象：一般人群

no.**1** 营养 / 功效

>> 黄豆含有蛋白质、维生素、大豆异黄酮、钙、磷、镁、钾、铜、铁等营养成分，具有增强免疫力、祛风明目、活血解毒等功效。

no.**2** 材料准备

◆**食材**　猪蹄块……400克

水发黄豆……230克

八角、桂皮、香叶、姜片各少许

◆**调料**：盐、鸡粉各2克，生抽6毫升，老抽3毫升，料酒、水淀粉、食用油各适量

no.**3** 美食做法

1. 锅中注入清水烧开，倒入洗净的猪蹄块，加入少许料酒，汆去血水，捞出沥干水分。

POINT ➤ 猪蹄汆水后捞出要过一下冷水，这样会使猪皮更紧致。

2. 用油起锅，放入姜片爆香，倒入汆过水的猪蹄，加入老抽炒匀上色；放入八角、桂皮、香叶，炒出香味，注入适量清水，至没过食材搅匀。

3. 盖上盖，用中火焖约20分钟，揭开盖，倒入洗净的黄豆，加入盐、鸡粉，淋入生抽拌匀；加盖，小火煮约40分钟至食材熟透，拣出桂皮、八角、香叶、姜片，用水淀粉勾芡即可。

no.**4** 美味再一道

酱烧猪蹄

烹饪时间：**3**分**30**秒
适宜对象：女性

//做法//

猪蹄煮熟后，加糖色上色，略炸。姜片、蒜片、葱条爆香，倒入猪蹄，淋入料酒，加糖色拌炒，加水煮片刻，加调料炒匀即成。

^{no.}**5 上桌点评★★★★★**

>> 黄豆与猪蹄向来就是绝配，猪蹄肉质厚嫩，爽口不肥腻，油糯糯的黄豆特别香，汤汁咸香味美，营养又美容。

扫二维码 跟视频同做美食

鸡丝豆腐干

烹饪时间：**2分30秒**
适宜对象：儿童

no.1 营养 / 功效

>> 鸡胸肉含有B族维生素、铁质，可改善儿童缺铁性贫血。豆腐干含有蛋白质、脂肪、碳水化合物，还含有钙、磷、铁等多种人体所需的矿物质，可增强儿童免疫力。

no.2 材料准备

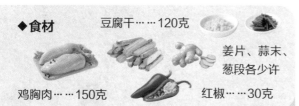

◆食材
豆腐干……120克
姜片、蒜末、葱段各少许
鸡胸肉……150克
红椒……30克

◆调料：盐2克，鸡粉3克，生抽2毫升，水淀粉、食用油各适量

no.3 美食做法

1. 豆腐干切条，红椒切成丝，将鸡肉丝切丝装入碗中，放入少许盐、鸡粉、水淀粉抓匀，加入油腌渍10分钟入味。

2. 热油锅倒入香干拌匀炸出香味，捞出备用，锅底留油放入红椒、姜片、蒜末、葱段爆香。

POINT ▶ 炸豆腐干时，要控制好时间和火候，以免炸焦，影响成品口感。

3. 倒入鸡肉丝炒匀，淋入料酒炒香，倒入炸好的香干炒匀，加入盐、鸡粉、生抽炒匀调味。

4. 倒入适量水淀粉勾芡，装盘即可。

no.4 上桌点评 ★★☆☆

>> 最爱豆腐干那份醇香，和着精瘦的鸡丝一起放入嘴里，软硬得当，唇齿留香，尤其适合孩子补充营养。